光文社文庫

ゴエモンが行く！

生命《いのち》と向きあって

笠原 靖《やすし》

写真・笠原美尾

光 文 社

目次

ゴエモンが行く！　7

この作品は、一九九九年八月光文社より刊行されました。
「それからのゴエモン」「生命と向きあって」は文庫化に際し
書下ろされたものです。

ゴエモンが行く！

ゴエモンがやってきた!

パグのゴエモン、現在四歳八ヵ月。体高、四十センチ。体重、十五キロ。至って健康である。

「ゴエモン」が家《うち》へ来たのは、ゴエモン、生後三十七日目のことだった。

飼うきっかけは、思わぬところから突然にやってきた。当時私は、某誌にレギュラーで読み切りの短編小説を書いていた。その一つが「七丁目のゴエモン」である。

人と対等に話す、ゴエモンという名の、愛すべきパグ犬の物語である。

「七丁目のゴエモン」は後日「おれ、パグのゴエモン」というタイトルで単行本になるのだが、この作品の読者であったAさんから、

「可愛《かわい》いパグの赤ちゃんが生まれたので、見に来ませんか」と、お誘《さそ》いを受けたのだ。

パグの子供は生まれた時から母親のミニチュア版と言っても良いほど親犬にそっくりで、実に可愛い。クリッとした丸くて大きな目は表情が豊かだし、ややがにまたで歩く姿はユーモラスで、微笑を誘う。おでこのしわも味わい深い。

数多い犬種の中でも、パグはブルドッグと並んで一番味のある犬だと言えるのではあるまいか。

忘れていたわけではないが、仕事に翻弄《ほんろう》されていたこともあって、お誘いを受けてから、いつしか二週間が経《た》っていた。

そんな時に、電話が鳴った。Aさんからで、

「パグの赤ちゃんがとても可愛くなりましたよ」というものだった。

六月一日だった。その日の夕方、私と妻はAさんのお宅へお邪魔した。

「この子ですよ」

と言って、彼が広い洋間の隅の段ボール箱から宝物のように抱《だ》き上げてきたのは、掌《てのひら》に乗るほどの、小さな子犬だった。

「名前は『ゴエモン』って言うんです」

にこにこして、彼は言った。

「生まれてきた顔を見た途端に『七丁目のゴエモン』を思い出しましてね、これがピッタリだと思いまして、迷わずに『ゴエモン』と命名したんです」

と、Aさんは微笑した。

掌に乗るほど小さなパグの子犬は、すでに成犬を縮小した立派な体型をしていた。顔は消し炭《け ずみ》をまぶしたように黒く、尻尾《しっぽ》はキリリと右側に巻き上げている。深くて太いおでこのしわと、大き過ぎるほどの、黒目がちの涼しい瞳。毛色は砂色だ。

「ね、可愛いでしょ」

Aさんは自分の子供のように頬《ほお》ずりをして言った。とにかく、文句無しにめちゃくちゃに可愛い。

下ろすと、パグ独特のややがにまたの四肢をしっかりと踏ん張って歩く。

「ゴエモン」と声を掛けると、

「僕のこと、呼んだ？」

というふうに、見上げて尻尾を振ってみせる。物怖《ものお》じはしないし、性格が明るい。じっと目を見つめて尻尾を振るところなど、

「な、僕、素直なパグだろ」

と言っているように見える。

天真爛漫《てんしんらんまん》で、屈託《くったく》がない。可愛さとユーモラスを集約したような子犬である。

「お忙しいでしょうが、そんな時にこそ犬がいると心が和《なご》みます。どうでしょう、飼ってみませんか」

私と妻の顔を覗《のぞ》き込《こ》むようにして、Aさんは言った。

子犬の傍《そば》に寄り添っているゴエモンそっくりの母犬グチャの目が、私たちを見つめる。やさしくて限りなく温かく、知的な目だ。

「ゴエモンはとってもいい子なの」と、語り掛けているように見えた。

「どうする?」

返事は保留にして、帰り道で妻に言った。飼うか飼わないかを言ったのだ。

「可愛いわね」と妻は答えたが、まだ結論にはなっていない。

ゴエモンを見た途端に、可愛さのあまり、前後の見境もなく飼いたいという気持が働いた。妻も同じだったようだ。

とはいえ、生きものは可愛いからとか、好きか嫌いかだけで飼えるものではない。ついてくるのは、責任だった。メダカであろうとおたまじゃくしであろうと、一旦手元に置いたからには、最後まで責任を持って飼わなければいけない。それが『飼う』ということだ。まして相手は、

「な、僕、可愛いパグだろ」

と言っているパグの子犬なのだ。

私の作品には、ノンフィクションをベースにしたものが多い。このテーマで作品を書くと決めたら、国の内外を問わず徹底的に現地取材をする。そのため、一、二週間はざらで、長

ければ一ヵ月くらいは家を空《あ》ける。妻も同行する。問題なのは、その間ゴエモンをどうするか、であった。

「構いませんよ、一ト月でも二タ月でも。その間ゴエモンは家《うち》で面倒みますから」

と、Aさんは親切に言ってくれている。

一番の気掛かりは、そこだった。それが好意によって解決しようとしている。

「どうする？」

もう一度、私は言った。

犬を飼うのは生易《なまやさ》しいことではない。前にも言ったが、相当な覚悟と責任が必要になってくる。責任にも二つある。犬を幸せにしてやるという犬への責任と、人間社会での責任だ。犬を飼うことの大変さというやつは、幼い頃からの体験ずみだった。

「なあに、犬一匹飼うくらい」と、いとも簡単に言ってのける人間がいるが、それは十分に犬の面倒を見たことのない者の言葉だと私は思っている。犬のことが本当によく分かっていれば、とてもそんなセリフなど言えるはずはないのだ。それに飼うとなれば、何かにつけて比重の大半が妻の方にいくことが分かっていた。

「どうする？」と、妻の気持を最優先して相談を持ちかけたのは、そのためだ。

「預かってくれると言ってくれてるしさ。どんなものかな。それにパグって、他の犬種よりも手が掛からないみたいだよ」

知ったようなことを言って、やんわりと仄《ほの》めかす。誘い水を向けた。

「そうね。一つの問題だけは解決出来そうね」

と妻は答える。私はにんまりした。

「可愛かったね。もう家へ来るのを了解してるみたいな顔だったよ、ゴエモンは。それにグチャがさ、よろしく頼むって、目で言ってたよな」

私は柔らかく微笑《ほほえ》んだ。言葉に熱が入っている。

「飼いましょうか、後のことは後で考えることにして」

弾《はず》む声で、妻が言った。彼女も乗っている。二人とも本来が動物好きなのだ。

「僕もそう思ってたんだ。この機会を逃がすと、この先またずうっと飼わずにいくことになるかも知れない。それにさ、動物ものを書く人間として、ゴエモンを飼えば底辺がもっと広がるかも知れない。犬がいる暮らしも、いいかもね」

分かったような理屈づけをして、私は言った。それでもなお、飼うか飼うまいかの決定までには、さらに一日費《つい》やした。ついに、

「飼いましょう、楽しくなるわ」

にこりとして、妻が言った。

この一言で、決まった。ゴエモンはこうして家族の一員になることが決定したのだ。

六月二日のことである。

●グチャ母さんと、ぼく

●ぼく、ゴエモン、よろしく！

ゴエモンは一九九二年四月二十七日に生まれた。たったひとりの弟犬が死産だったから、ゴエモンは独りっ子でこの世に生を受けたことになる。

弟犬の死産で、母犬が二日後に大手術を受けた。そのためにゴエモンは、生後三日目にして、母親から離されて人工授乳になった。ゴエモンの逞《たくま》しさは、この時から生まれたように思う。

私たちはAさんから子犬の扱い方や食事の与え方などを伺《うかが》ったあと、当座のドッグフードや粉ミルクなどをいただいた。

そうこうしているうちに、夜も更《ふ》けた。

ゴエモンを手さげの紙袋に入れて貰《もら》った私たちは、家族やグチャたちの見送りを受けて、Aさん宅を後にした。

グチャは私たちが見えなくなるまで、ドアの傍を離れずに、じっと見つめていた。「とうとう飼うことにしたんだなあ」という実感が、現実のものとして気持を引きしめさせ、高ぶらせる。

グチャのためにもゴエモンを幸せにしなければならない、と強く思う。

ゴエモンがわが家に落ちついたのは、生後三十七日目の午前一時半である。計量すると、千四百グラム丁度《ちょうど》だった。

ドーベルマン、コリー、柴犬《しばいぬ》、ミックスと今までに何頭もの犬を飼った経験はあるが、室内犬を飼うのは初めてだ。多少のとまどいはある。

早速段ボール箱を用意し、ワクワクする気持の中でハウスを作った。完成したのは、午前三時過ぎだ。

ハウスの底に五、六枚に重ねた新聞紙を敷く。新聞紙を敷いた上に大きなバスタオル二枚を敷き、水を入れた小皿を置く。

掌に乗るほどに小さいゴエモンを中に入れて、ダイニング・キッチンの角に置いた。われながら見事な出来映えの新居だった。完成品に満足しているのは、子犬よりも私の方のようだった。

「な、上手に出来たただろ」

私は妻に言った。気持の方がはしゃいでいる。

「小さい頃から工作の腕はたいしたものだったんだ。分かるだろ、オール五だぜ」

妻は黙って笑っている。

手作りの自信作を前に、妻の入れてくれた熱いコーヒーを飲む。満足感から、この夜のコーヒーは格別に旨《うま》い。妻はカメラを持ち出してきて、早速ゴエモンの写真を撮った。ゴエモンがわが家へ来て「家族の一員」となった、記念すべき一枚目だった。

この日を皮切りに、ゴエモンの成長を追って、膨大な枚数の写真が撮られることになる。ゴエモンとの生活の始まりだった。

いつの間にかゴエモンは、妻の膝《ひざ》の上に座っている。私の力作をじっと見つめ、「申し訳ないが、僕はハウスの中よりもこっちの方がいい」という顔だ。

とは言っても、一晩中膝の上に乗せておくわけにはいかない。私たちはゴエモンを段ボール製のハウスに入れて、

「おやすみ」と言って、二階へ上がった。

私たちの寝室の真下がダイニング・キッチンに当たる。

ゴエモンを独りぼっちにして二階へ上がった私たちだが、ゴエモンのことが気になって、なかなか寝つけない。二人とも眠れずに、じっと耳を澄《す》ましている。

私の今までの体験からすれば、子犬というものは、初めて知らない家に貰われてきたような場合、母犬から離された淋《さび》しさと慣れない環境での不安から、二、三日はキャンキャンと

夜泣きをするものなのである。どんな子犬でもそうだった。だから「今にゴエモンは泣き出すぞ」と待っていた。泣き出せば慰めるために、即、行ってやらなければなるまい。いつでもスタンバイOKだ。そう思って、ベッドで目を開けていた。

妻も同じだった。

「泣かないな」

身じろぎして私が言うと、

「泣かないわね」

と妻は答える。

泣けば泣いたで心配だし、泣かなければ泣かないで、一体どうしているのかと気掛かりになる。カサッとも、音をたてないのだ。

「ちょっと覗いてみるか」と私は言い、

「そうね」と、妻は答える。

まもなく午前四時になる。私たちはそおっと起き出すと足音を忍ばせて階段を降り、壁の横にある電気のスイッチを入れて、ゴエモンの邸宅を覗いた。

彼の部屋は一間《ひとま》で天井を取りはずした状態になっているから、上から覗けば中は丸見えになっている。

ゴエモンは彼の部屋の中央のバスタオルの上に丸くなって寝そべり、大きな丸い目だけを

開けて、そっと忍んでいった私たちの方を見つめていた。その表情は、

「心配しなくても大丈夫。僕、ちゃんと独りで眠れるから」と言っているようだった。

「ゴエモン」と声を掛けると、短い尻尾をチッチッと振ってみせる。

「もう二階へ上がって眠っていいよ」と言っているようだった。実に静かなのだ。

私たちは「おやすみ、またね」と声を掛けて寝室へ戻ったが、ゴエモンは朝まで一度も泣かなかった。これはゴエモンが生後三日目にして母親から離されて独りぼっちで暮らしてきたからだと思われた。そのために我慢することを覚えたのだろう。可哀《かわい》そうな我慢だった。

私はいじらしい気持になって、小さなゴエモンをギュッと力を込めて抱きしめてやった。


朝のゴエモンは活気に溢《あふ》れていた。別人ではなく、別犬ゴエモンである。来た時は多少なりとも遠慮がちに振る舞っているように見えたゴエモンだったが、夜が明けると、

「ここはずっと前から僕の家だったんだ」

という顔をしている。

「ゴエモン！」と呼ぶと、段ボールの縁《ふち》に手を掛け、伸び上がって、クルリと巻いた小さな尻尾を力一杯振ってみせる。

「ほら、僕はこんなに元気だよ」

と言っているのだ。

段ボールから出して自由にしてやると、足にまとわりついてひとしきり遊んだあと、ダイニング・キッチンから廊下、玄関、洗面所を単独で楽しそうに眺めて歩いた。ゴエモンにとっては、見るもの聴くもの、嗅《か》ぐもの触れるものが全て新鮮で、冒険だった。ゴエモンにも緊張が見てとれる。やがて戻ってくると、「面白かったよ」と尻尾を振って報告する。その顔は、もうすっかり家族の一員になりきっていた。

今日からが本当の意味でのゴエモンとの生活のスタートである。

私たちはそれぞれに「ゴエモンノート」をつけはじめた。ゴエモンに関わりのあること、気づいたことを何でもメモしておくための「ゴエモンノート」である。縁あってわが家の一員となったゴエモンだから、新しく増えた家族の「家族日誌」と言えば言えなくもない。

「今日からゴエモン日誌をつけような」と言うと、ゴエモンは握《にぎ》り拳《こぶし》のような頭を振って、私を見た。

「僕もさ、今日から二人を『お父さん』『お母さん』と思うことにする」と、瞬《まばた》きして、そう言った。私たちもお互いを指してゴエモンに言う時には、自然に「お父さん」「お母さん」と呼び合うようになっていた。例えば、「ゴエモン、お母さんが呼んでるぞ」という具合にだ。

ゴエモンの一番大切なものは、ウサギのぬいぐるみだった。ゴエモンが家《うち》に来る時にAさんが持たせてくれたもので、ぬいぐるみには、母犬グチャの臭いがたっぷりと浸み込んでいる。だからゴエモンは、何よりも大切にする。いつでも傍に置いていて、「これは僕の一番の宝物だからね」と言っている。大きさはゴエモンと同じくらいだ。

やがて、あっという間にぬいぐるみの大きさを超えてしまうのだが、この時はどっちがぬいぐるみか分からない大きさと体型だった。

この日から、ゴエモンの堂々たる腕白ぶりが始まった。

初めての試練

ゴエモンが来てから、私たちの生活は一変した。今までの比較的静かだった日常のリズムはなくなり、生活の全ては暴れん坊将軍のゴエモンを中心に回り出した。

チビの将軍は、眠っている時以外は、片時《かたとき》たりともじっとしていない。

ゴエモンの主食は、ドライのドッグフードだった。三十七日目の子犬にはそのままでは固すぎて無理なので、まず湯通しをする。柔らかくなったところで、お湯で溶いた粉ミルクにヒタヒタに浸《つ》けて食べさせるのだ。

体温よりも少し温かいくらいが、ゴエモンの好みのようだった。

ドッグフードは一粒が直径十ミリほどのものだったが、この一粒を食べるのに時間がかかった。それほどまだ、幼いということが出来た。

口に入れてやる時など、柔らかくした一粒のドッグフードを三つくらいに分けて与えるの

だ。粉ミルクもドッグフードも、当面はAさんから頂いたものだった。

時間をかけて、根気よく食べさせる。

水もひとりでは飲めない。小皿に入れた水をゴエモンの前に置くと、「こいつは何だ⁉」という顔で見つめているが、鼻面を近づけるまでにはいかない。クンクンやって後退《あとずさ》りするだけだ。

ひとりでは飲めないので、容器から指先に水をつけて、チョンと口につけてやる。すると、それを舐《な》める。当初はその繰り返しだった。ゴエモンは本当にチビなのだ。

初めて小皿から水を飲んだのは、その翌日だった。薄い容器に短い鼻先をくっつけてピチャピチャと舐めた。当然のことかも知れないが、この光景を見てようやく「これで大丈夫。ゴエモンは生きていける」と、思ったものだ。

ウンチは一日に四、五回だった。おしっこはそれよりも多い。何時間かおきに、食べては出し、出しては食べるの繰り返しである。

ゴエモンが来た日に、ハウスと一緒に専用のトイレを作った。箱型の段ボールの片側だけを浅く切ってゴエモンの出入りをしやすくし、その上に新聞紙を何枚か重ねて敷く。

用を済ませたら、汚れた分だけを取り替えていく。肝心なのは取り替えるのは上の一、二枚だけで、臭いの残った残りの新聞紙はそのまま残しておくことだ。そうすれば、子犬はここが自分専用のトイレだと思うようになる。用を足したくなった子犬は地面（床）に鼻先をくっつけるようにしてクンクンやりだすから、気をつけていれば直《す》ぐに分かる。

このクンクンは「そろそろだよ」という子犬の合図なのだから、これに気づいてやらないとすれば、気づいてやらない人間の方が悪い。子犬がトイレに慣れるまでのしばらくの間は、気づいたら直ぐに抱き上げて、トイレに連れていってやることだ。そうすれば、人も犬も平和を保つことが出来る。

だが、最初からうまくいくはずはない。

この日も気づくのが遅れて、廊下にウンチをされてしまった。叱《しか》ったら、大きな目を伏せて、シュンとなった。悲しげな顔で自分のハウスに行き、眠ってしまった。こうなると叱った私の方が悲しくなり、罪な気持になってしまう。あどけない表情で眠っている顔を見ると、いつものことながら、叱ったことを後悔してしまうのだ。ゴエモンはそれほど悲しげな顔をする。

切ない作業は、妻にまかせることにした。それに私の方は一日中ゴエモンのお尻ばかりを見つめているわけにもいかないので、仕事を理由に二階へ退避し、お尻の管理は自然に妻の役目になっていた。

ダイニング・キッチンに大人が六、七人座れる木製の丸テーブルと、三つの椅子《いす》が置いてある。

テーブルも椅子もスペイン製の手作りのもので細工がほどこしてあり、並みの重さではないがっしりとしたものだ。

小錦《こにしき》や曙《あけぼの》が座ってもびくともしない頑丈な四本の脚《あし》がついた椅子には、脚と脚との間に渡し木がしてある。渡し木は左右対称の高さだが、背もたれ側のある前後は、それよりもやや高い位置にある。

左右の渡し木の高さは床から十五センチ強くらいしかないのだが、座ったゴエモンの頭はまだそのくらいの位置にしかこない。

ゴエモンは椅子の脇《わき》が気に入ったらしくおとなしく座って私たちの動きを丸い大きな目で追っていたが、おとなしかったのは翌日の一時間ほどまでで、あとは、

「ここは元々、僕ン家《ち》だからね」

という顔で、動き回りはじめた。

ゴエモンが家へ来たばかりの時に作った段ボールの邸宅は、二日間しか使えなかった。たった二日で？　と言うかも知れないが、それほどゴエモンの成長とバイタリティが凄《すご》いのだ。あっという間《ま》に狭くなった。Aさんは、

「当分は段ボールで大丈夫でしょう」

と自信たっぷりで言ったが、大丈夫なんて言葉は、ゴエモンには当てはまらない。二時間近くもかけて作った労作が、二日で駄目になった。仕方がないので、今度は大型テレビ用の

丈夫な段ボールで二間続きの邸宅をこしらえてやった。が、これまた三日しかもたなかった。ゴエモンは小型のダンプカーみたいな体をぶつけて、段ボールを押し倒して出てくる。そして、

「見たかい、僕のパワーを！」

という顔をして、尻尾を振る。低い鼻をうごめかせて得意満面だ。

「おい、少しは邸宅を作る身にもなってくれよ」と言うと、口をグイと引き結び、

「これからはもっともっと凄くなるからね」

と言うのだった。

その通りだった。数日後には、もはや段ボールでは間に合わなくなった。どんな頑丈なものでも所詮は紙であり、段ボールだった。ゴエモンのパワーには太刀打ち出来ない。

そこでいろいろな本やパンフレットを見て検討し、ゴエモンが成犬になってからの将来的なことまで考慮して、中型犬用の犬舎を注文した。七三センチ（縦）×四三センチ（横）×五七センチ（高）の頑丈《がんじよう》なケージ式のもので、到着したのは二日後だった。

ゴエモンの体型と成長から見て、小型犬用のハウスでは無理だった。早速、ハウスの入口の上に「ゴエモンのお家」と書いた表札をつけた。六月十八日のことである。

この犬舎なら、ゴエモンならずとも、どんなに暴れても壊せるものではない。ゴエモンは直ぐさま嚙《か》んでみて、その歯応えを確かめていた。

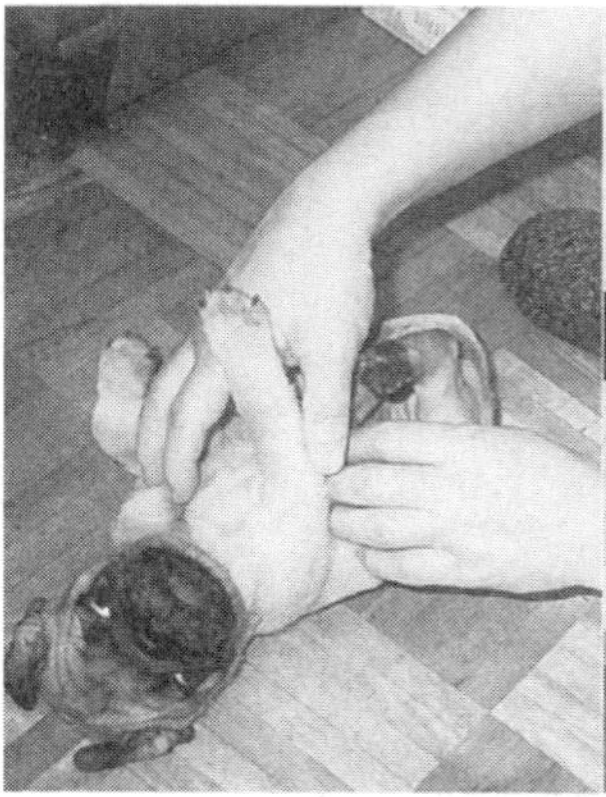

●くすぐった〜い！

●ちょっと冒険してくるね！

ゴエモンの食事は一日四回だった。湯通ししたドッグフードをお湯で溶かした粉ミルクに浸して食べさせるのは、Aさん家《ち》から受け継いだ当初からのやり方だった。

食べ終える頃から、ゴエモンが体全体のあちこちを痒《かゆ》がりはじめた。

家へ来た時からそうだった。手足を使って「痒いよ痒いよ」とやり始めるのだ。

一旦痒くなると、痒さは生半可じゃないらしく、しばらく止まらない。三十分くらいすると落ち着いてくるが、それまで手足で全身を引《ひ》っ搔《か》き回して転げ回る。自分の手足を噛む。時折、「痒くて死にそうだよ！」と、悲鳴とも言える鼻声までたてる。最初の関門はこれだった。

痒み止めには酢が効くというので手足を酢

で消毒してやったが、効果は得られない。ゴエモンを見ていると、気の毒なほど痒がる。

「どんな痒さだ？」と聞いたら、

「死にたいほど痒い痒さだ」と、ゴエモンは引っくり返って答えた。

そこで近くの動物病院へ連れていった。獣医師は「アレルギー体質でしょう。原因は？ウーン」と考え込んだあと、シャンプーを勧めてくれた。だが、効果はない。六月十三日、生後五十一日目のことである。ゴエモン、二千五百グラムになっていた。

仕事で銀座へ出た時に、ペットショップに立ち寄った。ベテランの店長に相談する。彼は即座に、

「先天的アレルギー体質ですよ」

と、こともなげに言い切った。

「親から受け継いだもので治りませんね」

他人事だけに、サラリとしたものだ。

「成犬になっても痒い痒いは続きますか」

「続くんじゃないですか」

同情はしてくれても、良策はくれない。

「どうしようもないですよね」

が、店長の答えだった。

六月二十二日に初めての予防注射のこともあって、Ａさんの車で彼の往きつけの動物病院へ連れていって貰った。

ゴエモンには五種混合のイヌパルボを打った。この注射は抵抗力のない子犬の体に免疫状態をつくり出し、恐ろしい伝染病から身を守らせるための予防注射であるが、今回は三回打つうちの初回であった。二回目、三回目は七月二十日、八月二十八日に打つことになる。この日ゴエモン、三千百七十グラムである。

院長の注射が終ったところで、インターンだという女性の獣医師に、ゴエモンの痒い痒いを相談した。ところがこの獣医師、たっぷりとこちらの説明を聞いたあと、自信に満ちた口調で、おもむろに、

「治すのは無理でしょうね」

と言い切った。まさに断定である。

「大人になれば治るということもあるんでしょ」

助けを求めるように尋ねると、

「いや、大人になればなるほど、もっと痒い痒いをやりますよ」

と言う。

「治す方法は？」

「無理ですねぇ」

百年の経験から語るように、自信たっぷりに、彼女は答えるのだ。

「打つ手はありませんか」

「諦《あきら》めるより他にないですねえ」

「これから先、ずうっと?」

「そうですねぇ、ずうっと」

とにかく困った。とまどった。これで患者の大切な命を預かる獣医師か、と思った。困っているから、知恵を貸して欲しいと相談しているのだ。それなのに一緒にどうしたら良いかを考えようともしない。表情にも、それはなかった。無理ですねぇ、の一点張りだ。

無理ですねぇの判断なら、素人でも出せる。素人だって、一緒になって考え、悩んでもくれる。そこから一歩進んだ相談が欲しくて病院の門を潜《くぐ》るのに、インターンとはいえ、女医という肩書きを持ちながら、結果はこれだった。

うっせきしたものが残ったが、それ以上のものは彼女からは得られなかった。院長は傍にいたが、別に何も言わなかった。この病院は駄目だと思った。

人間の病院と同じように、今ならAという病院が駄目ならBという病院に相談に行くだろう。Bが駄目ならCへ行く。医師が違えば、見立ても違う。薬も違う。飼い犬に合ったところを選べば良いのだと思っているが、何しろ初めてのことだけに、そこまでは考えつかなかった。医師という看板を百パーセント信じたのである。それゆえ、この獣医師をパーフェクトと信じて頭を抱える思いになった。

ゴエモンの犬生は始まったばかりなのに、この先十五年、十八年、ゴエモンが痒い痒いで過ごすことになったらどうしようか。

　思っただけで気が重くなった。ゴエモンの悲劇は尋常ではない。

「ひどいことになったな」

　と、私は妻に言った。妻も途方に暮れている。

　痒い痒いが始まると、見ていられないほどの辛《つら》さになる。ダイニング・キッチンから玄関、洗面所へと、廊下を走り回って、引っくり返って訴え続ける。

「可哀そうにね。頑張るのよ。何とか方法を考えるから。今にきっと良くなるからね」

　と言いながら妻は涙を浮かべ、せっせと掻いてやっている。掻いてやりながら、二人とも途方に暮れている。

　痒さが始まって以来、手をこまねいていたわけではない。素人なりに思いつく限りのことをやってはいたが、一向に芳《かんば》しくない。

「お疲れになった時、少しでも心に安らぎが持てたらと思いまして」と言ってAさんが下さったゴエモンだが、朝起きた時からゴエモンの痒い痒いが気掛かりで、心を癒《いや》すどころではない。

　そのゴエモンが、ある時、食べ始めてまもなく「痒い」という素振《そぶ》りを見せた。

それまで痒がっていなかったのが、食べ出して食器の半分もいかないうちに後足の一本でお腹《なか》のあたりを掻きながら食べ出した。その足を下ろすと、もう一本の後足で、同じ仕草《しぐさ》を繰り返す。そのうちに食べるのを途中で止めて、体を振って「痒いよ」という仕草を見せ、それからまた食べ始める。

私と妻はゴエモンを観察した。

「ひょっとしたら、粉ミルクが原因じゃないかしら」

ふと、妻が言った。私も、ひょっとしたら、と思っていた矢先だっただけに、二人の意見は一致した。グロースのドライ・ドッグフードに原因があるとは思えなかった。

それまでのゴエモンの様子を思い起こしてみると、お腹《なか》が空《す》いているにもかかわらず、食事を前にして睨《にら》むようにじっと食器を見つめ、

「僕はこの御飯、食べたくないんだ。だけど食べないとお腹が空いて死んじゃうからね、仕方がないんだ」

といった切羽詰《せっぱつ》まった様子を見せていたことが幾度かあった。

「多分、粉ミルクだな」と私は言った。

もっと早く気づいてやれば良かったのだが、ゴエモンが生まれ落ちて以来Aさん家で口にしていた粉ミルクであったから、何の疑いも持たなかった。さらに獣医師とベテランのペットショップの店長に不治とも言うべき体質だと言われてしまったばかりに対応が遅れてしま

ったと言えなくもない。

ミルクに関しては、Ａさんの責任ではない。たまたまゴエモンの体質には合わなかっただけだ。

私たちはゴエモンの次の食事から粉ミルクを外した。ゴエモンも躊躇《ちゅうちょ》しながら食べる必要がなくなった。

一日二日と外していくうちに、次第に「痒い痒い」が減少した。やはり痒い痒いの原因は粉ミルクであり、粉ミルクのアレルギーだと分かった。そして粉ミルクを止めてから一週間後には、痒い痒いの素振りは完全に消えてしまった。

第一関門はクリアした。微妙なところを見逃さなかった観察の結果だと思っている。

このことを教訓に、食事の度に、食事中のゴエモンの様子や食後の様子をもっと細心に観察することにした。食事の仕方、食欲の有無によって、その時々のゴエモンの体調や健康状態が把握《はあく》出来る。

食事と共にもう一つ大切なのは、ウンチである。食事とウンチ。入るものと出るもの。収支決算のバランスである。これ即ち、健康のバロメーターだった。それも合わせて観察した。

小さな体に元気が一杯！

六月十五日にAさんから電話を貰った。血統書に記載するゴエモンの正式名だが、お気に入りのものがあれば、と言うものだった。

ゴエモンの母親は、四度目の出産である。

犬の戸籍となる正式名は、初産の場合は頭文字がアルファベットの「A」で始まる名前にすること、という規約になっている。

ゴエモンは四度目の出産だから、「D」で始まる名前をつけなければならない。

考えた末に、正式登録名を「DEAR《デア》」とした。DEARは「親愛なる」「大事な」「いとおしい」という意味を持っている。私たちはこの言葉に、ゴエモンが皆《み》んなから末長く可愛がって貰えるようにという、親の願いと気持を込めた。

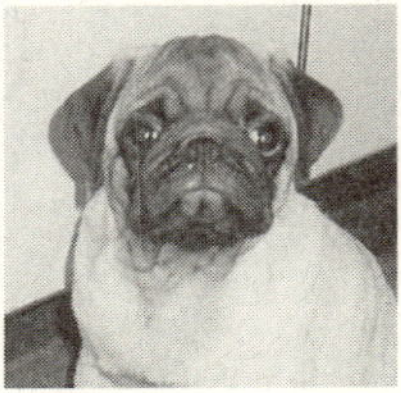

ゴエモンの食欲は凄《すさ》まじい。小さなドラムカンのような体に、与えられただけの食事をあ

っという間に詰め込んでしまう。

旨い旨いと尻尾を振りながら食べる。

「僕は食べていればゴキゲンなんだ」

と言いながら、一日四回の食事を心待ちしている。食べた後は、すぐに押し出し式の原理だ。私の好物のカリントウのような奴を出す。

家に来た時は一粒のドライのドッグフードを三つくらいに分けて口に入れてやっていたのだが、今ではそうしたことが現実にあったのかなと思えるほどの勢いで、がむしゃらに食べる。

柔らかくしたドライに、ひな鶏《どり》のレバーの水煮（内容量、百七十gの缶詰）を混ぜたものを好んで食べる。レバーはあらかじめ細かく切っておいて、残りの分はビンやタッパーなどに移して冷蔵庫にしまっておくが、一回の量は一缶の八分の一ほどである。

子犬の仕事は大きく分けて四つになる。食べる、寝る、排泄《はいせつ》する、走り回る、である。ゴエモンはこの四つを忠実に、しかも並みじゃないほどダイナミックにこなしていた。

ウンチやおしっことの兼合いもあって、この頃はまだ居間や客間はゴエモンの出入りを止めていたから、ゴエモンの居住空間は自分のハウスのあるダイニング・キッチンを中心にした玄関までの廊下と、風呂場近辺である。そこを彼は耳を後ろにねかせ、体を丸くして弾丸さながらに、ダダダ……と、全速力で走るのである。

突進する時には、前に何があろうとおかまいなしで、出たとこ勝負の走りをしている。そのため、椅子やスリッパ立てなどにしょっちゅう体をぶつけて派手な音をたてている。痛いはずなのに、口をギュッと引き結んで、痛いとも言わない。

疲れると部屋の中央で四つ足を天井に向けて、ドーンと仰向けになって、いびきをかいて寝てしまう。部屋の隅とか、暗い所では寝ない。明るくて広々とした空間が気分が良いらしく、丸いお腹を上にして眠ってしまうから、踏まないように気をつけて歩かなければならない。

多少の物音では動じることはない。反応を示すのは外部からの車の電子音と、来客や宅配便などのチャイムの音くらいのものだ。

どんなに熟睡していてもインターホンが鳴ると真っ先に玄関へ走り、巻き上げた尻尾をグイと立てて、「僕が番犬だからね！」とばかりに、勇ましく、ウッウッと唸《うな》っている。

ゴエモンは私と同じで食べたものが全部身になるらしく、毎日計量の度に、おおよそ百グラムずつ体重が増えていった。

抱《だ》く度に、重さが増すのが分かる。

掌サイズだったゴエモンが、今では両掌《りょうて》一杯の大きさになっている。

ゴエモンの成長は驚くばかりで、家へ来て五日目には二千グラム、十五日目には、二千九百グラム、二十日目で三千三百二十グラム、二十九日目で四千三十グラムである。

トイレも購入した。グレイの大型のトレイだ。これまでは厚地の段ボールに枠《わく》をつけて新聞紙を五、六枚重ねて敷いていたのだが、回数と量が増え、合成樹脂製のものに切り替えたのである。

六七・五センチ×五一・五センチ×一〇センチ（外枠の高さ）という室内犬用としては一番大きなもので、ゴエモンが中でグルグル回るのにゆとりのあるサイズだった。

購入した当初は「大き過ぎたかな」と思ったものだが、それもまたたく間に丁度良い大きさになった。「大は小を兼ねる」と言う言葉通り、トイレは大きなものの方が使いやすく、後日分かることだが、用途は広くなる。

トイレには今までと同じように新聞紙を重ねて敷き、汚れたらその分だけを取り替えるという従来のやり方である。

ペットシートを使ってみたが、何回も使用出来るとはいうものの、用を足した後の清潔感を考えると一度ごとに処分する方が気持良く、あれこれ工夫した結果、ゴエモンにはやはり新聞紙を利用するのが一番だという結論に達したのだった。

成長過程にある子犬の常として、ゴエモンは手当たり次第に歯応えのあるものを嚙み始めた。

子犬は生後四ヵ月頃から本格的な歯の生え替わりが始まり、歯茎がむず痒くなる。そうなれば、一層かじることになる。

生理学上やむを得ないことではあるが、人間の側からすれば〝この期間〟はたまったものではない。

私たちは咬害《こうがい》を減らす目的とゴエモンのストレス解消の両面から、しっかりと歯応えのあるミルク棒や、牛の筋《すじ》で出来た犬用のチューインガム等を与えた。ゴエモンとタオルやロープの引っ張りっこもした。

しかし彼はこれだけでは満足しない。スリッパは勿論《もちろん》だが、椅子やテーブルの脚、階段やドアの角、とにかく彼にとっては何でもいいのだ。大きな目を力一杯見開いて、

「目につくものはかじってやる」と、肩をそびやかせてやってくる。まさにピラニアだった。

ご存知の通り、パグの鼻は低い。鼻よりも前に頑丈な口がある。それでもって歯加減もせずにパクッとくるから、生後六十日足らずの子犬とはいえ、きわめて酷《きび》しい。虎ばさみを彷《ほう》彿《ふつ》させる顎《あご》の力だ。

「痛い！」と叫ぶのは私で、本人（本犬）はいっこうに平気だから、嚙んでから上目づかいに笑顔で見つめ、

「どうだ、なかなかのもんだろう」という顔をする。

静かにしている時はきまって階段に肩をもたせかけ、一番下の段の縁にガリガリと歯をたてて、歯応えを確かめている。

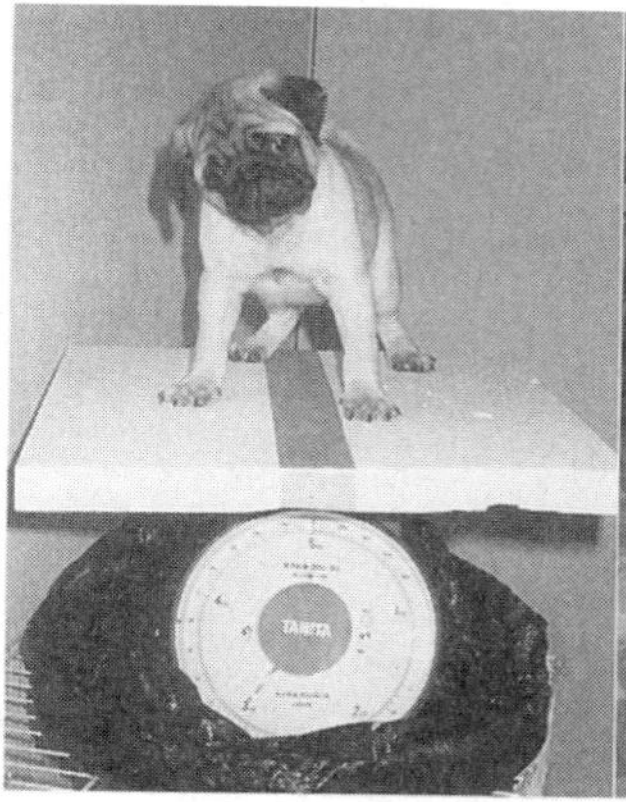

●どのくらい、増えた？

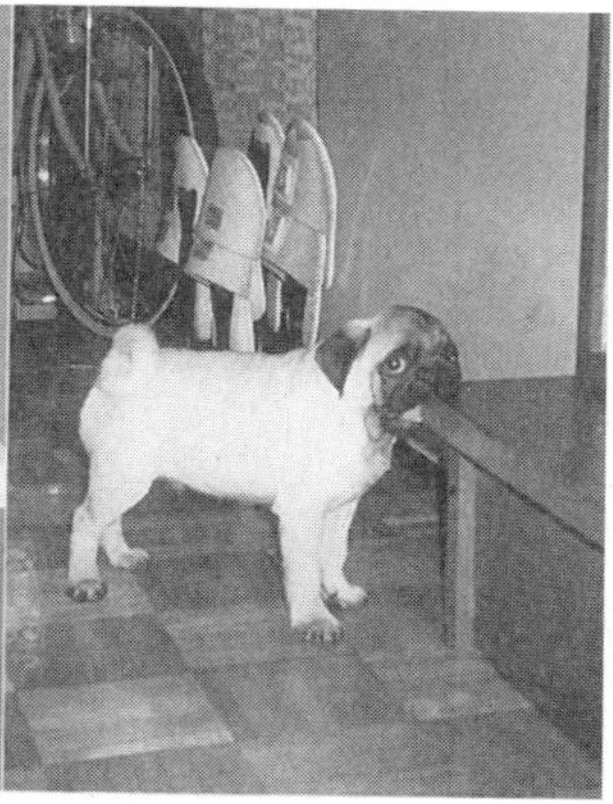

●階段、一緒にかじってみないか？

私と目が合うと、一瞬顎を止め、

「な、面白そうだろ。一緒にかじってみないか」という顔をする。

「いけない！」と注意すると、その場では「分かった」と納得するが、目を離すと、すぐまたどこかでガリガリとやっている。

何か策はないかと考えた末、彼がかじっている場所にワサビを塗ることを思いついた。

ゴエモンは何が始まるのかと、興味津々《きょうみしんしん》で、尻尾を振って面白そうに眺めている。

「見てろよ、ゴエモン」

悪ガキ当時の少年時代にかえって、私はにやりとした。これならいくらゴエモンでも懲《こ》りるはずだ。たっぷりと塗り終えると、私は腕組みをして、その時を待った。

ゴエモンはおもむろに鼻先をワサビにくっつけて、クンクンとやる。

ゴエモンは私を見てチラッと尻尾を振ってから、塗りつけられたワサビの部分をペロリと舐めた。さあ次はどんな顔をするか。

ところがゴエモンは平然としていた。そしてひと舐めふた舐め、ついには旨い旨いの舐め方に変わり、最後には全部舐め取って奇麗《きれい》にしてしまった。そして嬉《うれ》しそうに尻尾を振る。

「なかなかサビが効いてて、いけるよ」

といった、極上のトロでも口にした表情だ。ゴエモンには、ワサビの辛さは通用しなかった。

そこでもう一つの手を考えた。ネリカラシだった。今度もゴエモンは同じようにクンクンと嗅いだ。そしてワサビ同様に舌をつけた。途端に、「ウェーッ!」という表情をした。

「たまらん」とばかりに顔を振る。

「こいつはひどいや!」というところだ。

ワサビは効かなかったが、カラシの効果はてき面だった。そこで早速、ゴエモンが好んでかじりそうなところには、カラシの黄色マークをつけることにした。それ以後ゴエモンは、カラシを塗ったところには近づかなくなった。

ゴエモンは来客の相手がうまかった。うるさくならず、さりとて冷たくもしない。

「ピンポーン!」とインターホンが鳴ると、真っ先に飛んでいく。走りながら私と妻に、お客様だよ、と知らせる。来客を招じ入れると、「やあ、いらっしゃい！」とお座りをして、ホストを務める。尻尾は振るが、飛びついたりはしない。

「ゴエモンちゃんですね」と言われると、

「そうだよ。僕、ゴエモン」とばかりに顔を上げて、さっきよりも強く尻尾を振る。頭を撫《な》でられると鼻面を上にして、

「僕、お利口だろ」という顔をする。

話をしている間でも騒ぐことはない。私たちのことをじっと見つめているだけで、声を掛けられると尻尾を振ってみせるだけだ。

私の身の回りには、幼い頃から、常に犬や猫がいた。

犬をはじめとしてどんな動物でも大好きだった私は、子供の頃からフィクション、ノンフィクションを問わず手当たり次第に動物ものを読みあさった。「ジャングル・ブック」や「ターザン」の世界も、私を虜《とりこ》にした。

山川惣治《やまかわそうじ》先生は「少年王者」や「少年ケニヤ」をお描きになられた絵物語作家として広く知られているが、私も先生の作品の大ファンであり、大きな影響を受けている。

後年、山川先生には親しくおつき合いをさせていただくようになり、昔話をしたり、アフリカの動物に始まって、しばしば犬談義をしたりした。

先生のお宅にも二頭の犬がいて、そんなこともあって、「おれ、パグのゴエモン」の元と

なった「七丁目のゴエモン」をお送りさせていただいた。そうしたら、先生から早速お電話があった。

「面白かったよ。一気に読んだ。考えさせられたねえ。うちの犬にもゴエモンのことを話してやったら、よろしくと言ってたよ」

と、先生らしい温かい言葉をプレゼントしてくださった。

今、我が家でやんちゃぶりを発揮しているゴエモンは、その頃はまだ物語の世界でしか存在していなかったのだ。

現実となった七丁目のゴエモン、、、、が、最近、たっぷりと水を飲むようになっていた。丸い体がさらに丸く、「飲み過ぎだよ」と言われるまで飲んでいる。それだけに、おしっこの量も多い。

「まだ終らないのか」

と言うと、ちらりと横目で見て、

「今しばらく」と言う。実に長い。

少しすると眠くなる。目がトロンとしてきて、赤くなる。ハウスを指さして、

「ねんねしておいで」

と言うと、二ヵ月足らずの子犬がお気に入りのタオルをくわえてハウスに入っていき、すぐに寝息をたてるのだ。この時ばかりは、聞き分けの良い子供と同じだった。

食事の時には「お座り」「待て」「よし」の三つの言葉を教えている。しつけの心得は、何度も繰り返し繰り返し根気良く言って聞かせ、教えることだ。上手《じょうず》に出来たら、「凄いよ、ゴエモン！」と、オーバーなくらいに声を掛け、体を撫でて褒《ほ》めてやる。するとゴエモンは、

「だろ。やる気になれば簡単さ」

という顔をする。

六月二十五日（生後五十九日）現在、ゴエモンの「お座り、待て、よし」は完璧《かんぺき》だった。私たちはゴエモンが食べている間、時々彼の肩や背に手を触れるようにしていた。成犬になった時、怪我《けが》などもしもの場合に手を触れられても決して驚いたり反抗的になったりしないようにするためであった。

これを続けることによって、後日成犬になってからも、ゴエモンはどんな場合でも、私たちに手を触れられるのを嫌がることはなかった。ただし、綿棒を使っての耳掃除を除いては、である。なぜなのか。これについては後日触れることになる。

明日で生後二ヵ月になるという日、初めて外へ連れ出した。連れ出したといっても地面に足をつけて歩かせたのではなく、別名「ゴエモンのベンツ」と名付けた自転車の前籠《まえかご》に乗せてのお出掛けである。

今まで外に出さなかったのは、前にも書いた通り子犬は生後三ヵ月までに予防接種を三回しなければならず、これを済ませない限り、あらゆる伝染病に対しての抵抗力が出来ないからであった。だから今日は、地に足をつけない、日光浴を兼ねた外出の予行演習のようなものだった。

ゴエモンは前籠で、初めて見、触れる外界の空気にびっくりした顔であたりを見回している。

「へえ、知らなかったなあ、こんな世界があるなんて」という驚きの面持《おもも》ちである。目に入るもの全てが珍しく新鮮で、楽しくて仕方がないらしい。

私たちは出たついでに二階のベランダに張り巡らせるスダレを買いに行くことにした。陽の当たるベランダで、ゴエモンに日光浴をさせてあげようと思ったからである。

ベランダには横棒の鉄の格子が渡してあるが、この隙間《すきま》では、小さなゴエモンが誤って落ちてしまいかねない。スダレはそのための落下防止だった。

走り出して数分もした頃、ゴエモンがそわそわと落ちつかなくなった。

が、「そわそわ」と、外気に触れた嬉しさとの区別がつきにくい。

もう少し観察していれば分かることだったのだろうが、私たちも車や歩行者などもろもろのことに気を取られていて、ゴエモン自身の生理現象については、うっかりしていた。

すると不意に、前からホワーンとした仄かな芳香が漂ってきた。ゴエモンが前籠の中でウンチをしたのである。

「だからクンクン言って教えたんだよ」

ゴエモンは申し訳なさそうに私たちを見た。

「いいんだ、いいんだ」と、私たちは言った。すぐさま妻の出番だった。

「感動の分だけ量を増やしたからね」

と言うほどの、たっぷりの量だ。

持ち合わせのティッシュとゴエモン用のタオルで処理をする。ゴエモンはと見ると、

「すっきりしたから、済んだらすぐに出発しようね」と、悪びれた様子はなく、尻尾を振って、待っている。

実に爽《さわ》やかな顔だ。

「可愛いですねえ」

通りがかりの人が声を掛けてくれる。

私たちは「ありがとうございます」と応え、ゴエモンはゴエモンで愛想良く、

「僕、ウンチもしないしさ、可愛いだろ」

という表情で、尻尾を振り回して応えている。いつでもどこでも天真爛漫なゴエモンだった。

里がえり

生後二ヵ月目を迎えた翌日、Ａさん達一家三人が訪ねてきた。ご夫妻と、小学校四年生になるひとり娘のＣ子ちゃんだ。

「わぁ、大きくなりましたねぇ」

開口一番彼は言ってすぐにゴエモンを抱き上げると、髭面《ひげづら》に頰ずりをした。

ゴエモンもＡさんが大好きだから、

「やあ、しばらくしばらく。僕ン家《ち》へようこそ」と、他の人には見せたことのない喜び方をする。

ゴエモンはＣ子ちゃんには、抱くには重過ぎるくらいになっていた。

「ゴエモンがこんなに大きくなっちゃって」

Ａさんの手から抱き取って、奥さんがにこにこする。

「哺乳びんで育てたゴエモンが、こんなに逞しくねぇ」

感慨無量の顔で、感心しきりである。

ゴエモンは三人の来訪に大はしゃぎだ。

「僕、凄くなったろ」とばかりに、居間とダイニング・キッチン、玄関を、水すましのように、ダダダ……と走り回る。U《ユー》ターンして、今度は三人の足元を猛スピードで駆け抜ける。

ゴエモンの見事な成長に、三人は驚きと感動で一杯である。

一息ついたところでゴエモンに「お座り」「待て」をさせて、ヨーグルトを与えた。

ゴエモンは、ぴたっと言葉を聞き分けた。

「よし」の合図で食べはじめる。

「凄いねえ、ゴエモンは。ちゃんと『お座り』『待て』が出来るんだ」

奥さんがここでも驚いた声を出した。

「しつけの賜《たまもの》ですねえ」

Aさんがしきりに感心している。

「『ねんね』も出来ますよ」

私は得意になって、聞かれもしないのに言葉を入れる。

Aさんがハウスを見た。ハウスの入口の上には、「ゴエモンの家」と書いた表札が掛けてある。私の手造りのものだ。

文字を読んで口にした後、Aさんはまた抱き上げて頬ずりをし、やさしさの滲《にじ》む声で、

「いいなぁ、お前。いい家に貰われて。ゴエモンは幸せだ」と話しかける。

「ありがとうございます、そうおっしゃっていただいて」

妻が言った。犬は自分の意思で行き先を決められないから、極端に言えば、死ぬも生きるも、幸不幸も、犬たちの運命は全て彼らと接する人間にかかっている。

命の責任は人間にある。

「不幸だなぁ」と、犬に溜息《ためいき》をつかせないだけのことをしてあげたい。

「でも、さすがですねぇ」

コーヒーを飲みながら、Aさんが言った。痒《かゆ》い痒いの原因を、私たちが観察から究明したことを言ったのである。

「何とかしなければ、の一念でしたから」

妻は、笑顔で言った。

治まったから良いようなものの、今なお「痒い痒い」を連発されていたとしたら、こうしてのんびりと談笑していられたかどうか。

Aさんに甘えていたゴエモンが、タッタッタ……と走って自分専用のトイレに行き、しゃがんでおしっこをする。片付けると、待ってましたとばかりに、今度はお尻を突き出して、ウンチだ。

「お利口さんになったわ」

またまた奥さんが感心する。しつけの成果だとはいえ、自分たちが頭を撫《な》でられて褒《ほ》められたような気がした。

Aさんの実家は山形で、サクランボの産地である。古里から届いたばかりの粒揃いの立派なサクランボをいただいた。

ゴエモンが逞しく成長し続けているのも、もとはと言えばAさんご一家の真摯《しんし》な愛情のお蔭である。それを忘れることは出来ない。

〆切の原稿を渡して一息ついた七月一日（生後六十五日）、私たちはゴエモンの実家を訪ねた。母犬のグチャに、ゴエモンを会わせるのが目的だった。

Aさんのお宅には「グチャ」の他にもビーグルの「ビー」と、白熊のような巨体の、グレートピレニーズの「ラブ」がいる。

三頭とも雌犬《めすいぬ》である。ゴエモンを見ると三頭はすぐに駆け寄ってきて、

「よく来たね、ゴエモン。向こうの住み心地はどう?」と、話しかけてくれている。

ゴエモンは小さいながらも堂々としたもので、キリッと巻き上げた尻尾で先輩たちに挨拶《あいさつ》してから、かつて住んでいた広間を、大急ぎで調べに行った。

ラブは大きな体でゴエモンを潰《つぶ》しちゃいけないと気を使っているし、ビーもまた、お姉さ

ん犬としての気配りを見せている。

が、何と言っても、グチャは母親だった。ゴエモンのいたずらにはそれとなく気を配っているし、巨体のラブが近づくと、ゴエモンとの間に体を割り込ませて、さりげなくガードしている。

その一方では、ゴエモンのやんちゃが高じると、「ダメッ!」とばかりに押さえつけていさめ、たしなめる。一つ一つに無駄がなく、どれもが母親ならではの仕草だった。

グチャの行き届いた配慮に、私は思わず唸ってしまった。実に的確で、見事としか言いようがない。

「人間以上ですねえ、グチャは」

そう口にすると、

「何と言っても母親ですよ。分かってるんです、何もかも」

Aさんは微笑《ほほえ》んで、そう言った。

ゴエモンとの遊びが一段落したところで、グチャが私たちのところへやってきた。私と妻の椅子の間に座り、私を見上げる。

目は柔和である。耳を後ろにやり、口を薄く開ける。キラキラとした目と表情は、

「ちょっとの間に随分大きくなって。こんな腕白な息子ですけど、とても良い子なんです。末永くどうぞよろしくお願いします」

●ぼくの親友のウサギのぬいぐるみと……ベランダで日光浴

と言っている。

穏やかさの中に、母親の真剣な眼差《まなざ》しがそこにあった。私はいじらしくなって、ゴエモンに良く似た面立ちのグチャのおでこと肩を撫でてやった。

「大丈夫だよ、グチャ。ゴエモンはいい子だ。心配はいらない。大切に育てるからね」

と私は口にした。グチャには通じたと思う。グチャは嬉しそうな目の輝きと、表情をした。

次にグチャは、妻の方へ顔を向けた。妻も私と同じような言葉を彼女にかけた。グチャの全身に喜びが溢《あふ》れているのが分かった。

私たちの一言一言にじっと耳を傾けているグチャは、ラブやビーとは、はっきりと様子が違った。

ゴエモンが母親に寄り添って鼻声を出す。私たちや他の犬たちの前では一度だって出したことのない、甘えた声である。

グチャはゴエモンの誘いに乗って私たちの所から離れ、ゴエモンの相手をしてやっている。グチャは私の知っている限り、最高の母犬だった。

ところがゴエモンだが、ラブの隙を見て、ラブ専用のハウスに行き、その脇におしっこをして、彼女に気づかれる前に意気揚々と引き揚げてきた。

「もうここは、僕のテリトリーにしたからね」

という顔だ。

テリトリーとは、自分の領土、領域という意味で、野生動物の雄《おす》が自分のものだと主張するナワバリであり、ゴエモンは小さいながらも危険区域に入り込んで、雄としての意識と強さを前面に打ち出してきたのだった。

「ゴエモンは負けん気が強くなりそうですね」

ゴエモンの行動をつぶさに見ていたAさんが、笑って、そう言った。

二時間余の里帰りの間、ゴエモンに最後までつき合っていたのは、やはりグチャだった。

彼女は雰囲気《ふんいき》から私たちが帰ると分かると、そっと傍にやってきて先ほどと同じようにお座りをし、やはり控え目に、ゴエモンのことを頼むという素振りを見せていた。

食事と運動でゴエモンの体力はグングンとついてきた。体の造りもがっちりとしている。

粉ミルクはゴエモンの体質には合わなかったが、人肌に温めた牛乳は大丈夫だった。私たちは一回に百ccくらいを与え、カルシウムを多く摂《と》らせるように心掛けた。成長するに従って、食事内容も少しずつ変化してくる。

スプリングのついた玩具を冷蔵庫の上段の扉の取手《とって》に結びつけてやると、これをくわえて引っ張るのが、ゴエモンは好きだった。

スプリングは結構引き戻しが強いから、そこが彼には面白いらしく、限度一杯まで引っ張っていっては、パッと放す。そしてまた、大急ぎでくわえに戻る。

毎日繰り返されるこの運動の成果でゴエモンの首は太く逞しくなり、踏ん張っている四肢と共に、全身に厚みと強靭《きょうじん》さが加わった。

ひと眠りする度《たび》にゴエモンは大きくなる。ちなみに、七月三日（生後六十七日。四千三十グラム）、七月十三日（四千九百五十グラム）、七月二十七日（生後三ヵ月丁度。七千グラム）である。

七月十二日、暑さのせいか、ちょっと食欲がない。日頃食欲の塊《かたまり》のようなゴエモンとしては珍しいことだった。そこで試しに擂《す》り下《お》ろしたリンゴを四分の一個分与えてみたところ、クンクンやった後、「これはいける」とばかりに、ペロリと食べてしまった。

夕方にも同量を与えた。これまた、喜んで食べる。リンゴのお蔭で、ゴエモンの食欲は戻っていた。

ゴエモンはAさん家から彼に同行してきたウサギのぬいぐるみの他に、犬の顔形をした笛付きの軟質ビニール製のものや、ゴエモンよりも大きなゴリラのぬいぐるみ、白いアザラシの赤ちゃん、カラフルな太めの金魚、ジーンズをはいた犬、黄色いテニスボールなど、いろんな種類の玩具を持っている。

買い集めたもの、いただいたものなど様々だ。それをゴエモン専用の箱に入れておくと、彼はその都度気に入ったものを自分なりに選び出してきて、楽しげに遊んでいる。

大きなぬいぐるみ相手のゴエモンの得意技は、プロレスで言うところのラリアットだ。長州力《ちょうしゅうりき》が得意としていた技である。伸ばした前足をからませて相手を引き倒し、上から押さえ込んで「どうだ、参ったか!」と言っている。

相手はゴエモンよりも大きいが、無抵抗だから、いつも彼の一方的な勝ちになる。私たちが見ていると分かると、ゴエモンは得意満面で、押さえつけたままで尻尾を振り、

「僕のパワー、見てくれた?」

という顔をする。

「たいしたもんだよ、さすがゴエモンだ。今に長州力よりも強くなる」と言ってやると、

「僕もそう思うんだ」

ゴエモンはより一層尻尾を振って、大きなゴリラのぬいぐるみを投げ飛ばすのだった。

七月十九日（生後八十三日）のこの日からゴエモンの食事は一日三回に減らした。「増やしても減らすことはないだろ」と、ゴエモンは食器を見詰めて不満顔だが、「体のためだよ」と納得させた。

二十日に、二回目の予防注射を打った。病院へ行ったついでに体温を計る。午前九時三十分で四〇・五度（犬の体温の基準は三十八〜三十九度）は少し高めだが、これは興奮や緊張感、それに夏季という暑さのせいだろうと思われる。

さほど心配するには及ばない。

帰宅するなりゴエモンは「疲れた」とばかりにクーラーの効いた部屋でペタンと横になり、「僕がひとりで起きるまでそっとしといて」と言うなり、いびきをかいて、ぐっすりと眠り込んだ。暑さと気疲れが重なったせいだと思われた。

それにしても、パグは暑さには弱い。炎天下を歩かされていたパグが、家へ着くなりパタッと倒れてあの世へ直行したという話も聞くし、宅《うち》の近くに住んでいた顔見知りのパグも、不幸にして熱射病で死亡した。

私たちは夏場ゴエモンを置いて外出する際には、必ずクーラーをつけ、室温を二十六度くらいにして出掛けるようにしていた。

冬場には、危険性のないオイルヒーターを適温にして、出掛けるようにしている。

ゴエモンが初めてお留守番《るすばん》をしたのは、私たちがスイミングスクールに行く時間帯、午後六時半から九時であった。

私は学生時代から、長年空手をやってきた。

かなりハードで、一時間あまりの稽古《けいこ》で三キロ前後の体重減は当たり前だったが、仕事が忙しくなるにつれて、稽古もままならなくなった。机の前に座る時間が長くなり、身体を動かすことが少なくなった。途端に中性脂肪とコレステロールが大幅に増えた。不整脈までが加わって、さてどうしたものかと思案したところ、医師が水泳を勧めてくれた。

しばらく泳いではいなかったが、元々私は若狭《わかさ》湾の海育ちで、泳ぐのには自信がある。しかも嬉しいことに、プールは自宅から、徒歩で二十分の近距離にある。

そこで早速妻と二人で週二回、スイミングスクールへ行くことになった。

ゴエモンが家族の一員になる三年前のことである。

水泳の効用については今さら話すまでもないが、第一は健康促進であり、第二はストレスの解消である。心地良い疲れは、身体と心の両方でリフレッシュ出来る。泳いでいる時にはそれ以外のことは一切考えないし、泳いだ後のサウナは、身心をリラックスさせる。

空手ほどハードではないが、マイペースでやれる全身運動だけに、無理をせずに出来る中年以降のスポーツとしても最適である。

マスターズの大会に出てメダルを貰い、さらにメダルを競い合った他の団体の仲間たちとの交流もあって、楽しさの分野でも申し分がない。無理さえしなければ、水泳は一生続けていけるスポーツだと言えるだろう。妻もカナヅチから始めて、今では大会に参加するまでになっている。彼女は実にマイペースである。

　空手も水泳も同じだが、永続的に続けるためには、良い指導者と良い仲間がいることが必須の条件だと言える。

　その点、私たちは恵まれている。

　そんな訳で、私たちは週二回の水泳を出来る限り休まない。そうなるとゴエモンには、おのずから週二回の「お留守番」の役が回ってくる。彼もそれを良く知っていて、「水泳だからお留守番だよ」と言うと、私たちが出掛けている間の二時間半くらいは、おとなしく座布《ざぶ》団《とん》の上に寝そべって、待っているのだった。

　そんなある日の午後、ゴエモンにいつものようにお留守番を頼んで出掛け、戻ってみると、ダイニング・キッチンに置いてあった大型の植木鉢がものの見事に引っくり返してあり、フロアに土が散乱していた。

　おまけにその上で活発に遊んだらしく、土は四方八方に派手に飛び散っている。

　ゴエモンの顔も手足も泥だらけだ。

　いつもとは違う昼間のお留守番で、時間をもてあましたらしいのだ。

　ドアを開けた私たちを見て、ゴエモンが、

「お帰り、お帰り！」と飛んできた。

「僕さ、退屈してたらさ、ひとりで面白い遊びを見つけたんだ。とっても楽しかったよ」

ゴエモンは土を跳ね飛ばし、笑顔でそう告げたのだった。

しかし台風一過を思わせる現場の後始末は、私たちにとっては、とても笑えるようなものではなかった。

てんやわんやで日が暮れて

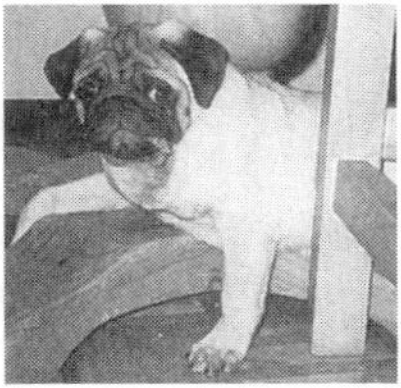

ゴエモンの食欲は相変わらず凄い。

「僕、今、成長期だからね」

と言いながら食べるのだ。

食べている最中に「ゴエモン」と声を掛けると、顔は上げずに尻尾だけを振って、声に答える。

「今、食事中だからね、話があるんだったら後にして」という感じだ。

「旨いか」と聞くと、さらに尻尾を大きく振って、「旨いよ」と合図する。

生後三ヵ月のゴエモンは、人間ならば四歳半というところだ。

人間と比較した場合の犬の年齢計算だが、犬は最初の一年を十八歳で計算し、二年目からは、四歳半ずつをプラスしていく。すると、人間に換算した年齢が出る。二歳の犬なら二十二歳半、三歳なら二十七歳、十歳なら五十八歳半、十五歳なら八十一歳だ。

「今が食べ盛りだからね」というゴエモンだが、時折、「食事だよ」と呼んでもやってこない時がある。

寝そべったまま頭を上げて、大きな目で妻のしている一部始終を見つめたまま動こうとはせず、「僕、食べたくないんだ」という素振《そぶ》りをする。

幾度呼んでも立ち上がろうとはしない。

そのくせ、彼の行動とは逆に、尻尾は嬉しそうに左右に揺れている。丁度それは、子供が親に反抗して、食べたいくせに「食べたくないよ」と突っ張っているそれだった。

人間の子供には尻尾がないから本当か嘘《うそ》か判断が難しいが、そこのところ、ゴエモンは正直だった。態度では「食べたくないよ」だが、尻尾は正直に「食べたいよ」と言っている。

そんな時、妻はわざとそっけなく、ゴエモンの目に入る大きな仕草で食器を持ち上げ、

「ゴエモン、食べたくないんだったら食べなくてもいいよ。これ、片付けるからね」

と言うのだった。

するとゴエモンは慌《あわ》てて起き上がり、タッタッタと、急ぎ足でやってくる。そして食器の前ですぐに「お座り」をする。

「考えてみるとさ、やっぱり食べておいた方が体にいいと思うんだ」

という顔だ。そしていつものように「お座り」「待て」をしてから、旨そうに食べ始める

のだった。

ゴエモンの旺盛な胃袋を満たすにはドッグフードの小袋では間に合わないので、四十ポンド（約十八キロ）入りの大袋をペットフードの専門業者から直接購入している。まとめ買いだとかなりの割り安になるし、ゆとりがあると思うと、ゆったりとした気分にもなれる。一石二鳥だった。

ゴエモンくらいの犬なら一日三百グラム程度が目安だそうだが、ドッグフード以外にもいろいろと与えているので、ゴエモンの食べ方と量を見ながら多少の増減をしている。

「もう少し食べられるよ」といったくらいで止めておくのが、ベターかも知れない。

食事のあと妻が綿棒にベビーオイルをつけて鼻の周りのひだの間を奇麗《きれい》に拭《ふ》いてやる。

パグやフレンチ・ブルドッグのように鼻面の詰まった犬種はどうしてもひだの内側が汚れやすくなるので、常に清潔にしてあげなければならない。

ベビーオイルで拭いて貰って「ああ、さっぱりした」という顔をしたゴエモンは、ひと暴れしてから、新しい新聞紙が敷いてある愛用のトレイで、ゴロリと横になった。

彼はトレイを二つに使い分けていた。一つは「本物のトイレ用」としてであり、もう一つは「寛《くつろ》ぎの場」としてだった。

本物の使用の後はそれはすぐに片付けられて奇麗になっているから、トレイそのものは清潔で美しいのだ。

何しろゴエモンは、この大型トレイが気に入っている。ここに寝そべっていると安心出来るらしく、彼は部屋の中央でなければここに来て、お腹を天井に向けて、いびきをかいて眠ってしまう。

ピンク色の丸いお腹を突き出して眠っているところなどは、まるで子豚だ。

眠っている時は、天使のように可愛い。

まず、いたずらをしない。気に入らないからといって、不意に「ガブッ」とこない。無邪気であどけない顔だ。こんなに良い子はいない。だからゴエモンの寝顔を見て言ってやる。

「このままずっと眠っていてくれ。寝ている姿は、天使みたいで最高に可愛いよ」

声が聞こえたのか、ゴエモンが片目だけを開けて、私を見る。

「もうすぐ起きて、もっと元気一杯のとこを見せるからね」

にこりとして、そう言うのだった。

私の作品には犬を扱ったものが多いが、犬を初めて作品の中に登場させたのは、大学三年の時に書いた「美」という小説だった。この作品を明治《めいじ》大学学長賞創作募集に出したところ、最終候補に残った。その時、選者の一人から「ヘミングウェイを彷彿《ほうふつ》させる」と言われた。

それまでヘミングウェイを読んだことのなかった私は、大急ぎで駿河《するが》台下《だいした》の書店へ行き、真っ先に目についた小説「老人と海」を買った。

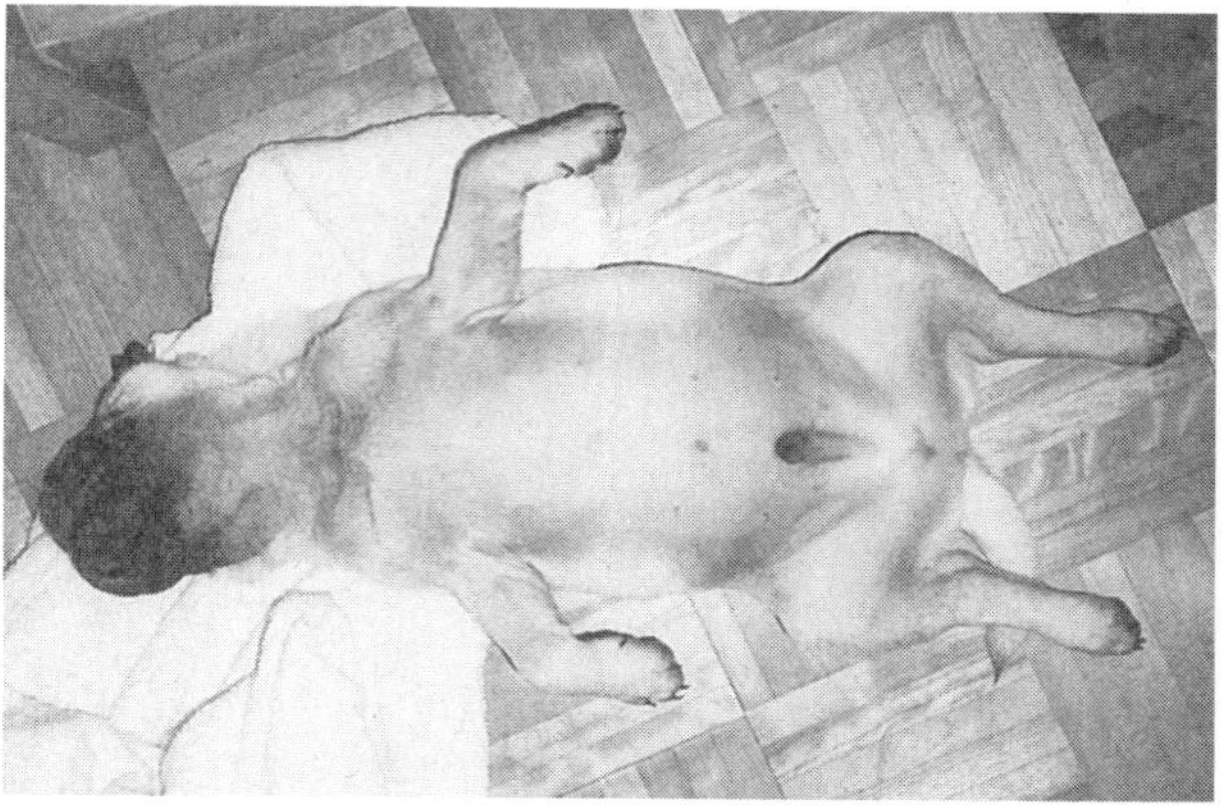

●どうだ！　見てくれ、このポーズ！

「彷彿させる」というからにはどこか共通するところがあるのだろう、と読んでいくうちに、引き込まれた。

　すばらしい表現力とストーリィ展開の見事さ。セリフも、今までの日本文学では味わえなかったものだ。満足のいく結末と、さわやかな読後感。文句なしの圧巻である。

「彷彿させる」とは実に嬉しい言葉をいただいたものだと、読み終えて改めてその選者に感謝した。

　この有難《ありがた》い言葉が、私の文学志向へのスタートとなった。

　この時「学長賞」に選ばれたのが、その後芥川賞《あくたがわしょう》候補となった、倉橋由美子《くらはしゆみこ》氏の「パルタイ」である。

　ゴエモンの行動は日毎に激しくなった。ゴ

エモン自身が、体の内側から溢れ出してくるエネルギーを抑《おさ》えきれなくなっているのだ。それが成長であり、大幅な運動量のアップだった。だからパワー全開で動き回る。

走り回る場所が広ければそれもある程度緩和出来るのだろうが、ダイニング・キッチンやその近辺というのでは、発散する場はあまりにも狭い。その狭い中に閉じ込めておくのだからゴエモンにとって気の毒なことだったが、かといって、彼の為《な》すがままにさせておく訳にもいかない。

お互いに辛いところだった。

パグを飼っている仲間との情報交換からすれば、同じパグでもゴエモンは他のパグたちよりも何かにつけて相当に好奇心旺盛で、冒険心に富み、パワーが凄まじいようだった。それでいて、一面、実に慎重でもある。

どんなことをやらかしても、本人（本犬）は全て貴重な「学習」なんだと言って、にっこりする。だがしかし、人間の側から見れば、彼のしていることは「学習」よりも「悪ガキ」の行動にしか見えないことが、しばしばだ。

椅子やテーブルをかじったり、ドアや壁をサインだらけにしたり、畳を蹴《け》とばしてボロボロにしたりするのは些細なこととして目をつむれても、自分の水入れに手を突っ込んで引っ掻き回し、あげくの果ては叩《たた》いて引っくり返して楽しんでみせるのはかなわない。

かと思うと、くわえて走って、そこらじゅうを水浸しにする。現場を見つけ次第、その場で叱って言い聞かせる。ゴエモンは頭と尻尾を下げ、シュンとして、「わかった」と反省の態度を見せるが、そう簡単に懲《こ》りるようなゴエモンではない。

成長と共に、おしっこの回数と量がグンと増えた。何しろよく水を飲む。がぶ飲みである。飲んだだけ出すときたから、大変な量だ。

一から十まで付きっきりではいられないからつい目を離すと、これが生後三ヵ月足らずの子犬かと疑いたくなるほどの量を出す。

おしっこはトイレの中でちゃんとするからそれはそれで良いのだが、多過ぎて新聞紙に広がった分が手足につく。その手足で駆け回るからかなわない。追いかけて捕まえて、ティッシュ・ペーパーで拭く。

ほっとする間もなく、すぐにその繰り返しがやってくる。また水のがぶ飲みだった。

落毛もかなりのものだ。毎日ブラッシングしているが、脱毛は想像を超えている。掃除機にたまるゴミ袋の紙パックの大半はゴエモンの毛で、強力な大型掃除機で部屋全体をフル回転させ、ハンドクリーナーでその都度《つど》ゴエモンの回りを掃除する。

コマネズミのように動くのはゴエモンだけでなく、人間の方も彼に負けず劣らずである。それを見てゴエモンが楽しげに尻尾を振り、

「な、結構、運動になるだろ」

大きな目を見開いて、そう言うのだ。

「少しはじっとしてろ」と言うのだが、ゴエモンが耳を貸すはずもない。

「まだまだ足りない」とばかりに、ダダダ……と、風呂場へ走り去ってしまうのだ。そして、たまたま置いてあったプラスチック製のバケツを引っくり返してびしょ濡《ぬ》れになり、そのまま飛び出してきて胴震《どうぶる》いをして水を弾《はじ》き飛《と》ばすと、床を横滑《よこすべ》りしながら走ってくる。

さも大切な用事を思い出したんだ、という顔をして。

さらにU《ユー》ターンして、風呂場へ戻る。

ゴエモンに大切な用事などあるわけもない。あるとすれば、風呂場のバケツをもう一度蹴とばしに戻ってくるくらいのものだ。

ここからがまた、雑巾《ぞうきん》持参の妻の出番になる。

艶《つや》のあったダイニング・キッチンの床は、いつの間にか昔の面影すらもない、地肌だけの板と化していた。

「少しはほっとしたいなあ」と思った矢先に、ダイニング・キッチンで「ドカーン！」という音がした。

風呂場から走り出てきたゴエモンが、椅子に頭を突っ込んで、片手では持ち上げられない重い奴を首と肩の力でものの見事に投げ倒してしまったのだ。

「ゴエモン、足四の字固めにするか、四つ足を縛って狸汁《たぬきじる》にしてしまうぞ」

ゴエモンを捕まえて本音でそう言うと、ゴエモンはキッと口を引き結び、

「やってみたら。僕は狸ほど旨くないよ」

そう言い返すのだった。

まさにゴエモンは、我が家の台風以上の存在だった。

私と妻の、ゴエモンにかける時間は相当なものである。端的に言えば、彼が起きている間中、と言えば言えなくもない。

彼が階下で何かをしでかす度に仕事を中断して駆けつけるから、集中して書いている時など、たまったものではない。

作品の流れを一時中断すると、次に書きはじめた時にそれまで通りのペースで書き続けられるとは限らないから、酷しいところだ。時にはセリフが変わったりもする。

二十四時間が自分自身の時間なら今の倍のスピードと物量で作品を生み出すことが可能だろうが、それを言えば、ゴエモンに申し訳ないことになる。

わが愛する心の友、フーテンの寅《とら》さんも、「それを言っちゃあ、お終《しめ》えよ」と言うだろう。だから、ちらっとは思うが、それ以上は思わないことにする。何しろわんぱくゴエモンは、わが家の愛すべき宝なのだから。

フーテンの寅さんと言えば、随分前のことになるが、かつて知人の家で渥美《あつみ》清《きよし》さんとご一緒させていただいたことがある。話が弾んだところで、渥美さんが、手元の紙にサラサラッとご自分の似顔絵を描き、横に「おもいやり」という言葉を書き添えて、ちょっとはにかんだ笑顔で手渡してくれた。その時のことがなつかしく思い出された。

イラスト画は、彼のやさしい人柄と共に、今も私の傍にある。


外の空気に触れるところで日光浴をさせてやりたいと、ベランダにゴエモンを出した。ベランダにはゴエモンが落ちないようにと、周囲にスダレが張り巡らせてある。ゴエモンはその隙間からちらりと地上を眺めるが、私と同じであまり高い所は得意ではないらしく、すぐに顔をそむけてしまう。

「嫌いなのか？」と尋ねると、「下の方が落ち着ける。だって、ベランダは落ちることだって、あるだろ」と言うのだ。慎重である。

ゴエモンの成長記録として、写真と合わせてビデオも撮っている。

後でゴエモンにビデオを見せてやったら、尻尾を振りながら画面を見つめ、「このワンちゃん、誰なんだ？」と不思議そうな顔をした。

自分のハウスがあるダイニング・キッチンでは、ゴエモンは相変わらずだった。家全体が彼のトレーニング・ジムなのだ。

妻が掃除機を使ったり雑巾掛けをする時など、ことのほか、活発になる。

掃除機に噛みついたり、体当たりしたり、プロレスまがいのことをしてみせたりする。行く先々を読んで、足手まといなことをする。

そこで、その間だけでもとハウスに入れた。ところが、入れられたゴエモンは、三十分でも一時間でも間断なく泣いている。

泣くというより、あらん限りの声で「泣きわめき、騒ぎたてる」といった声を張り上げる。

「何で僕をこんなところに閉じ込めるんだよ。息が詰まって死んじゃうじゃないか。僕だって走り回る権利があるんだ。出してよ、早くここから出してってたら！」

こんな調子である。

「出して、出して、出して！」の騒ぎ方は、半端《はんぱ》なものではない。

泣くだけではなかった。その間ずっと両方の手で力まかせにスチール製の縦の格子をガリガリと引っ掻き続けるのだ。途中でひと休みということがない。

あまりに引っ掻き方が激しいので手が心配になり大丈夫かと調べたら、それぞれの指の間が細い桟《さん》に擦《す》り切《き》れて血が滲んでいる。

これ以上指の間を痛めさせる訳にもいかないので、ついにはハウスから出さざるを得なくなった。ゴエモンの根性勝《こんじょうが》ちである。

出されたゴエモンは満面に笑みで、

「だから言ったろ。初めから僕をハウスなんかに閉じ込めるべきじゃなかったんだ」

私を見つめて、顎を突き出し、彼はそう言ったのだった。

朝になった。ゴエモンはいつものように、午前六時丁度に起きた。

「起きたよ!」という彼の合図は、ダイニング・キッチンと廊下を隔てるドアを前足で引っ掻き、体をぶつけて叩くことだった。

その音が二階まで響いてくると、「あ、起きたんだな」と、分かるわけだ。

ゴエモンの起床は目覚まし時計でも内蔵しているかのように正確で、毎朝のことだが、一分の狂いもない。

これも人間以外の動物が持っている超能力の一つだと言えるかも知れない。

ドアを開けると、小さな尻尾を体ごと振り回して、「今日も一日、よろしくね」と、まとわりつく。とにかく、はち切れそうなほど元気一杯なのだ。

今のところ「病気」というふた文字がゴエモンには無縁なのが有難い。

これが最高の親孝行というものだろう。

困ったおでこ

七月二十五日。生後三ヵ月目を前にして、ゴエモンを初めて地面に下ろした。

家から自転車で十五分くらいのところに、緑がいっぱいの赤塚《あかつか》公園がある。そこを抜けると、高島平《たかしまだいら》があり、区立の図書館がある。

館の前には広い駐輪場があって、その上にゴエモンを立たせたのである。

ゴエモンは自転車の上と違ってアスファルトで固められた外界の大地がこんなにも広くて固いものだとは知らなかったから、下ろされるや否や、「驚いて腰が抜けた」とばかりに、ペタンと腹這《はらば》いになってしまった。

「どうした？　ゴエモン」と声を掛けても、全く耳に入らない。腹這いになったまま円《つぶら》な瞳で空を見上げ、低い鼻をひくつかせて空気の匂いを嗅ぎ、往《ゆ》き交《か》う車や人を目で追いながら、小さな舌を出して、ハアハアと言っている。

「何だ何だ、ここはどこ？　何なんだ⁉」

とでも言っている顔である。初めての体験に、緊張が高いのが分かる。いつもの悪ガキのゴエモンは、影をひそめている。

そこへ揃いの制服を着た、年長組らしい三人の幼稚園児たちが寄ってきた。ゴエモンを取り囲んで、しゃがみ込む。男の子二人に、女の子だ。

ゴエモンは彼らの顔をまじまじと見つめた。子供たちに取り囲まれて興味深げに見つめられたことで、ゴエモンは丸い目をさらに丸くした。一人の園児が、ゴエモンの顔に自分の顔を近づけた。ゴエモンが、どうしようか、という顔で私を見た。その途端、

「わあ、このワンちゃん、困ったおでこしてる！」

その子が、声を上げた。

ゴエモンの困ったような大きな目と、パグ特有の、おでこの深いしわを見て言ったのだ。

パグの中でもとりわけゴエモンの額のしわは太く深く、大波のようにうねっている。その為、憂《うれ》いを帯びた眼差《まなざ》しになり、大きな目で相手をじっと見つめると、「僕、困ってるんだ」とばかりの、無性《むしょう》に哀しげな顔に見えるのだ。悩んでいるようにも見える。

「困ったおでこか。確かにその通りだ」

私と妻は、思わず笑ってしまった。的確な発想だった。この表現力は大人にはない。

「かわいい！」

隣りの女の子が言った。

「ありがとう」と妻が礼を言う。

「お家《うち》にワンちゃん、いるの？」

と聞いてみた。すると女の子は、一呼吸置いてから、

「欲しいんだけどね、おばあちゃんが嫌いだから駄目だって」

と、悲しそうな顔をした。

「僕ン家《ち》はね、団地だから飼えないの」

横にしゃがんでいた男の子が言った。

「小鳥も駄目なんだよ、金魚ならいいけど」

「そうなの、残念だね」

としか、答えようがない。

「名前、何て言うの？」

いぃ、いぃ、いぃ、
困ったおでこ、と表現した園児が、妻に顔を向けた。

「ゴエモンって言うの」

妻が答える。

「わぁ、ゴエモンだって！　かわいい！」

明るさを取り戻した女の子が、はしゃいだ。ゴエモンという響きに、何となく面白そうだ

というニュアンスが感じられたらしく、三人は、「ゴエモン、ゴエモン!」を連発する。自分も仲間入りだとばかりに尻尾を振っているゴエモンを撫で回して、しばしの時を楽しんでいる。

園児たちと楽しいひとときを過ごした私たちは、三人に「ありがとう」を言って、別れた。園児たちは私たちとゴエモンに、

「バイバーイ!」と手を振ってくれた。

「いい子たちだね」

帰り道、私たちは彼らのことを話題にした。ゴエモンが取り持つ、心やさしい子供たちとの初めてのコミュニケーションだった。

ゴエモンにとって、記念すべき大切な思い出の一コマとなったに違いない。

ゴエモンが初めて外の世界の路面に下ろされた時、今までにない緊張した様子を見せたが、初めてに関しては人も犬も同じである。私自身、ゴエモンと似たような体験がある。

大学を卒業した私は、アナウンサーとして郷里の放送局(福井放送《ふくいほうそう》)に入った。

初めてマイクの前でしゃべったのが、顔の出ないテレビでのコールサイン、「JOPR・TV《ティ・ブイ》、福井放送テレビジョンです」というアナウンスだった。

時間にすればわずか数秒間に過ぎないものだが、ブース(アナウンス・ルーム)に一人で

入り、外にいる進行係からキュー（合図）を受けて、カフ（音声切り替えスイッチ）を上げ、自分の指でオンにする。

　デスクの左側にあるモニターテレビを見ながら、右卓にあるランプが赤から青に変わったのを確かめる。オン（青ランプ）は「さあ、しゃべってください」という合図であり、待ったなしの色なのだ。青になると、もう後へは下がれない。緊張に身体をふくらませて、時間どおりに、マイクに向かう。

　しゃべり終えてカフを下ろし、オンをオフにした。青ランプが赤になった。ほっと、息をつく。ようやく終ったのだ。

　ブースの外から二人の先輩アナとディレクターがガラス越しに親指を立てて、笑顔でV《ブイ》サインを出している。どうやらうまくいったらしい。私も笑顔でそれに応えた。これが私の、入局第一声だった。たったこれだけのアナウンスだったが、数十万の人たちがナマで聴いているという意識が、私をこれほどまでに緊張させたのだ。

　初めて路面に足をつけたゴエモンの心境と同じだった。ゴエモンは、二度目からは全く緊張することはなかった。その点では、まだまだ私の方が未熟だった。

　ゴエモンの散歩は毎日だった。成犬になってからは朝夕の二回だが、この頃は一日に一回、それも軽い散歩程度だった。

　私と妻が交代で担当し、無理をさせないように、気をつけて歩く。そして週に二度くらいは、自称「ゴエモンのベンツ」の前籠に乗せて、光《ひかり》が丘《おか》公園へ連れていくことになる。

子供を育てるのにふさわしい環境を考えて三度も住居を変えたという故事、「孟母三遷《もうぼさんせん》の教《おし》え」というのがあるが、散歩をさせる場所は、どこでも良いという訳ではない。

地方なら身近に山や川があり、新鮮な空気と自然がふんだんにあるからさほど考えることはないのだが、都会地にはそれがない。人や車、ビルだらけで、汚れた土ぼこりと排気ガスの濁った空気がうず巻いている。だから目線の低い犬は、人よりも大きな被害《ダメージ》を受けることになる。

犬は辛《つら》さを口に出していえないから、飼い主の方で考えてやらなければならない。

私たちは都会地の難しい中で、比較的公害の少ない場所を見つけて、そこへ連れていくようにしている。公害だけでなく、そこへ連れてくる飼い主や犬の質も見極めるようにしていた。中には、たちの悪い犬を平気で放置している無責任な飼い主もいたりして、自分たちだけが気をつけていれば済むという問題ではないからだ。

学生時代のことだが、空手をやりたいと思いたった時、私は都内にある空手道場を片っ端から見て廻った。自分の考えにぴったりとくる道場を捜した。自分の中で「道場はこうであらねばならない」という基準を決めていたのである。それは、㈠道場の雰囲気が良いこと、㈡師範、先輩、後輩に礼儀があること、㈢空手の技そのものにキレがあり、凄みと魅力があること、㈣指導内容が良いこと。

大きく分けて、この四つだった。

ある道場では、グラブをつけてボクシングさながらに殴《なぐ》り合《あ》っていたし、あるところでは、先輩後輩のケジメがなかった。またある道場では、黒帯を締めているにもかかわらず技にキレがなく、スピードもない。指導者、指導法、稽古内容もおそまつだ。これでは我が身を預けるには、哀しすぎる。

ようやく見つけたのが、昭和三十四年当時四谷《よつや》に総本部道場を置いていた、社団法人「日本空手協会」だった。空手協会は私の理想とした基準にぴったりと合致していて、申し分なかった。充実した稽古と、指導陣。人の和。どれをとっても、非の打ち所がない。入門してさらにその良さを知り、稽古が楽しく、道場選びが間違っていなかったことを嬉しく思った。

放送局に入った私は四年近く道場を留守にしたが、その間に、C・W・ニコルさんが入会している。非常に稽古熱心だったと、当時を知る協会の仲間たちから聞いている。

日本空手協会に入門してから四十年余の歳月が流れたが、協会とは、今なお変わらぬ交流を持ち続けている。

空手の道場選びもゴエモンの散歩の環境選びも同じことで、人も犬も環境によってつくられるところ、大である。それゆえ、良い環境選びは大切である。

大抵の犬は散歩が大好きである。

ゴエモンと散歩に出るようになって目につくようになったのが、放置されている犬のフンである。これが実に多い。

成犬は自分の家ではまず排泄をしたがらないから、散歩の目的の一つは、どうしても〝排泄の為〟ということになる。

フンの始末は飼い主の基本的な常識であり当然の責任だからそれをわきまえてくれれば良いのだが、これをわきまえない非常識な人間が結構多いから、迷惑する。

フンの取り方など簡単で少しも苦になるほどでもないし、処理することによって、処理している飼い主の人格もアップするというものだ。

路上でのフンの取り方にはコツがある。私たちが試行錯誤で見つけた最良の方法を紹介しよう。いたって簡単で、完璧な方法である。

リードをつけて犬と一緒に動いていると、「まもなくだな」というその徴候《ちょうこう》が、すぐに分かってくる。犬それぞれの癖《くせ》もあるが、ゴエモンの場合は駆け足でリズムをとって軽く走ってから、やがて地面に鼻面をつけるようにして、何か捜し物でもするかのように頭部を下げ、スッと腰を落とす。

そうしたら、素早く四つくらい（週刊誌大）に折りたたんだ新聞紙をその下に敷いてやる。すると「待ってました」とばかりに突き出したお尻から、自慢のものが押し出されてくる。あとは、落下したものを包み込んでビニール袋に入れれば、一件落着。

●ウーン……絶妙のタイミング

こうすれば路面を汚さないし、道ゆく人にも迷惑をかけなくてすむ。

特にパグのように尻尾をキリリと巻き上げている犬種のような場合にはお尻の穴が丸見えで、便意をもよおしてくると肛門《こうもん》が赤味を帯びて膨《ふく》らんでくるから、すぐに分かる。

ある時、畑の横の道路でフンの処理をしていると、通りかかった地元の人らしい穏やかな感じの老女がにこやかに近づいてきて、

「そんなの畑の中に放り込んじゃいなさいよ」と言った。

「お宅の畑ですか」と尋ねると、

「うちのじゃないけど」

平然と、彼女は答えた。私は啞然《あぜん》とした。

「そんなことをしたら、畑の持主が嫌な思いをしますよ」と言うと、それについては答えず、ちらりと一瞥《いちべつ》をくれてから、一転して無

表情に、何ごともなかったかのように歩み去った。

小さなシャベルで受けた飼い犬のフンを、周りを見回しながら、せっせと下水道の狭い口に押し込んでいる中年過ぎの男を目撃したこともある。フンを放置したままそそくさと現場を離れる者、堂々と放置していく者、袋を持ってはいるが、ポーズだけで取らない者、いずれも嫌な光景だった。

犬や猫、小鳥といった生き物を飼っているからといって必ずしも愛情深いとか、やさしさや思いやりがあるとばかりは言い切れない。

「動物を愛する人に悪い人はいない」といった言葉も過去にはあったが、今では世の中の良識と共に死語になりつつあるのは悲しい。

狭い道でゴエモンの落とし物を新聞紙に受けていると、作業車が、私たちのために車を停めて、笑顔で待っていてくれた。

礼を言って大急ぎで始末していると、

「急がなくていいですよ」

声を掛けてくれてから、中年のその男性は、

「みんながそうやって始末してくれるといいんですけどねえ」

しみじみと呟《つぶや》いた。

その通りである。犬を飼っている一人ひとりが当然のマナーを守ってくれれば、街（町）

は汚れない。放置されたフンには誰しもが嫌な思いをしてきているから、きちんと始末している人には、それだけ好意的になってくれるのだ。

散歩で出会う顔なじみの愛犬家は、互いににおい袋を下げて笑顔で挨拶《あいさつ》を交すし、また馴《な》染《じ》みのない人でも、ウンチ袋を下げていると安堵《あんど》させられる。

散歩を終えて家に着くまでに、ウンチの入ったビニール袋は一、二個（大抵は一個だが）になる。私たちは「新聞紙、ビニール袋、ティッシュ・ペーパー」の三点セットを何組か持ち歩く。ティッシュは、すませた後のお尻を、チョンチョンと拭くためのものだ。

路上や公園でそのまま立ち去ろうとした人を呼び止めてこのセットを手渡したことも何度かあるが、若年者のみならず、若年者に人の道を説くべき立場にある高齢者にしてこれだから、日本は良くならない。

動物好きなところから、取材を兼ねてよくアフリカへ出掛けるが、ケニアでは老人が誰よりも尊敬され、大切にされている。なぜ大切にされるのかといえば、ムゼー（スワヒリ語で長老・老人の意）は若者たちよりも知識が豊かで良識があり、徳を積んでいて、常日頃から若者たちの手本となるにふさわしい心と行いをしているからである。

だからこそ、敬意の対象とされている。

散歩で時折出会う「クロちゃん」という犬を連れた小学生の兄妹は、会えば必ず挨拶をするし、フンもきちんと紙とビニール袋で処理している。こんな兄妹を見ると、家庭環境からしつけまで、日々の家族の在り方までが見えてくるようで、そういったことがいかに大切かを痛感させられる。

街を歩くと、フン公害の貼り紙が目につく。これだけ社会面を賑《にぎ》わせていても、なおかつ他人の迷惑など一切お構いなしという困った飼い主に対しては、もはや良心に訴えかけても意味がないと見るべきで、こんな時こそ行政が「厳罰」という勇断で、指導に当たるべきなのだ。

公衆衛生を考え、街を美しくするという大前提の効果を考えるなら、これしかない。シンガポールの街を歩いてみると分かるが、どこを見渡してもゴミ一つ落ちていない。これは国をあげて「クリーン・グリーン」という美観運動を推進しているからなのだ。チャンギ国際空港に降り立って、まず目に入るのが、警告（注意書き）のポスターである。「〇〇、〇〇をした者は、〇〇ドルの罰金。〇〇をした者は、矯正労働」といったことが書かれている。イラスト付きだから、文字が読めなくても、外国人にでも十分理解出来るように記《しる》されている。

例えば、道路に唾《つば》を吐いたりゴミを捨てたりすると、百五十から一千シンガポールドル（約八万七千円。一九九七年三月現在）の罰金になる。誰も見ていないと思って、ついポイ捨てをやると、どこからか忍者のようにおまわりさんが現われて、肩を叩かれるはめになる。罰金だけではなく「私はゴミを捨てました」と記した派手な色のベストを着せられて、人々が賑わうところで掃除を命じられたりもする。

乱れ放題になりつつある日本でも、必要に応じて、かなり厳しく、シンガポールのような行政をとり入れた方がいい。そうすればポイ捨てや犬のフンの放置などは激減し、タガの外れた日本から、いくらかでも美しい日本を取り戻すことが出来るのではないだろうか。

幸せの〝絆〟

自転車の前籠に乗ったゴエモンは、すこぶる愛想がいい。通り掛かりの人に、「可愛いですね」と手を差し伸べられると、顔中溢れんばかりの笑顔で、

「こんにちは、こんにちは！　ありがとう！」

と、短い尻尾を力いっぱい振り回す。

頭の一つも撫でられて、

「家でもおとなしいんでしょ」と言われると、

「もち。僕、とってもおとなしいんだ」

と答えるのだ。そんな時、「そうでもないんですよ」と補足しても、外部の人は日頃のゴエモンのわんぱくぶりを知らないから、さほどのことはないと思っている。

私たちは、いつものようにゴエモンを、赤塚新町《あかつかしんまち》公園へ連れていった。

彼を真ン中にしてベンチに座っていると、四歳くらいの女の子が駆け寄ってきた。

正面に立って、にこにことゴエモンを見つめる。ゴエモンが女の子を見つめ返して、

「やあ、こんにちは！」と、尻尾を振った。

すると女の子は、目を丸くして、

「このワンちゃん、笑ってる！」と叫んだ。

確かにそうだった。滅多《めった》に見せない表情だが、ゴエモンが薄《う》っすらと唇を開け、目を細めているのが分かった。

いつものゴエモンとは、ひと味違った。確かに笑っている、と私も思った。

女の子に尋ねた。

「ワンちゃん、大好き？」

彼女はおかっぱの頭を振ってこっくりと頷《うなず》き、両腕でギュッとゴエモンを抱きしめてから、ブランコの方へ走って行った。

私たちは移動して、光が丘公園へ行った。

公園の入口でゴエモンをアスファルトの路上に下ろすと、彼は全身をエネルギーの塊にしてリードを引っ張り、弾《はず》むように走りはじめる。足を踏ん張って、ややがにまたで一生懸命に走る姿は、いつもの悪ガキゴエモンとは別犬のようで、いじらしい。

時々私を振り仰いで、尻尾を振ってみせる。

表情から、ゴエモンも懸命に生きているんだな、と胸が熱くなる。

しばらく走ったところで、ゴエモンの足裏をタオルで拭いて、木のベンチに座らせた。家から持参したプラスチックの容器に公園の水道から汲んできた新鮮な水を入れて、ゴエモンに飲ませる。冷たくて旨い水だ。至福この上ない顔をして、ガブガブと飲む。

「おいしかったよ」と、尻尾を振る。

ゴエモンを二人の間に座らせて寛いでいると、伝わってくる肌の温《ぬく》もりから、いとおしさと共に、強く家族の絆《きずな》を感じ取ることが出来る。ゴエモンも私たちと同じようにそれを感じているらしく、信頼しきった目で私たちを見上げて、目が合うと尻尾を振ってみせる。

思いっきり走った後の心地良い疲労から、彼はまだ小さな舌を出して、ハァハァと喘《あえ》いでいる。彼の明るい表情には、力の限り走ったという満足感がある。

「たいしたもんだ。凄いよ、ゴエモン」

声を掛けると、

「僕、明日はもっと走れると思うよ。今日はちょっと暑いだろ。だからこんなもんだけどさ」

ゴエモンはキラキラする目で、そう言った。

数日後、私たちは光が丘公園を抜けて、新しく出来た団地の広場へ足を延ばした。緑に囲まれた団地の一角に、Hデパートが建っている。

私たちはその前の木陰のベンチに座り、寛いでいた。〆切の原稿を渡したばかりで、気分的にもリラックスしている。

「可愛いですねぇ」

不意に、ベンチの横で、声がした。見ると、七十代前半くらいの御夫妻が、笑顔でゴエモンを見つめていた。

二人とも髪の半分以上が白い。ゴエモンも自分にかけられた声だと分かって、愛想良く尻尾を振っている。こういった時のゴエモンは、愛らしさを百二十パーセント発揮出来るのだ。

「ブルドッグですか、このワンちゃん」

「いえ、パグです。よく似てますけど」

と私は答えた。

「可愛いですねぇ。おでこのしわに、実に味がある」

中肉中背の御主人が、穏やかな人柄そのままの口調で、ゆっくりと話す。

「この、何て言うか、炭をまぶしたような黒い顔が可愛いですね」

「これも、パグの特長の一つです」

二人は頷いた。目を細めている。奥様の方が手を伸ばしてゴエモンの頭を撫でた。

「あなた、幸せねえ、大事にされて」

人の子に話すような、やさしい口調だ。

何か感じるところがあるらしく、ゴエモンが澄んだ瞳で私たちを見て、尻尾を振った。

二人は手をたずさえて立ち去る時に、ゴエモンに笑顔で「バイバイ!」と手を振り、何度も何度も振り返りながら、遠ざかっていった。二人の後姿には、言い知れぬ幸福感があった。労《いたわ》り合う御夫妻の姿を見て、私はかってアフリカのサバンナで見た、ある光景を思い出した。それは、二頭のトムソンガゼルの姿であった。

その日私は、ガイドと、ケニアのサバンナをジープで走っていた。夕暮れが近い時間帯だった。ふと気がつくと、アカシアの木の傍に、二頭のジャッカルの姿が見えた。そして彼らから五、六メートルのところに、一頭のトムソンガゼルがいた。テレビなどの画面でよくチーターに追いかけられて捕食されている、あの小型のレイヨウである。

彼の武器といったら、小さな角しかない。非力なだけに警戒心が強く、危険を察知したら、俊足を生かして一目散に逃げるのが彼らの特性だった。

ところが、今私が目にしているのは逃げるトムソンガゼルではなく、二頭のジャッカルを相手にして、闘うトムソンガゼルだった。

トムソンガゼルは、ジャッカルが接近する度に角を振るって懸命に追い払おうとしている。彼の足をもってすればジャッカルなど簡単に振り切ることが出来るのに、なぜ彼は逃げようとはせずに、闘うのか。

私は合点《がてん》がいかず、彼の近くの草むらに目を凝《こ》らした。すると、サバンナの黄色い草に埋

●あのさぁ、ちょっと相談があるんだけど……

もれるようにして、薄茶色の動物がうずくまっているのが目に入った。トムソンガゼルだった。

何が原因でうずくまっているのかは分からないが、彼がこのトムソンガゼルを守って闘っているのだけは確かだった。

うずくまっているのが、闘っているガゼルのつれ合いなのか、子供なのか、それとも恋人なのかは不明である。しかしこのガゼルが何らかの理由で動けないでいる相手を、肉食獣であるジャッカルから、命を賭《か》けて守り続けていることだけは事実だった。

信じられない光景に、胸が痛くなるほどの感動を覚えた。

放っておけば、やがてはガゼルが殺《や》られることは明白である。いくら野生の中の出来事だからと言われても、黙って立ち去ることは、私には出来なかった。

私はガイドのドライバーに、ガゼルを驚かせない程度に、車を近づけて貰った。それを見て、ジャッカルがトムソンガゼルから離れた。

車はなおしばらく、その場にとどまった。

二頭のジャッカルは諦め、トムソンガゼルから、去っていった。

ジャッカルが立ち去った後、トムソンガゼルはほっとした様子で、うずくまっている相手の所へ歩み寄った。近づく彼に、うずくまっている一頭が頭だけを持ち上げて、彼を迎えた。恐らく「ありがとう」と言っていたに違いない。そんな二頭の接し方だった。

私たちはガゼル達を驚かせないようにして、そっとその場を離れた。二頭のガゼルが、首を上げて、私たちを見送っていた。

私は支え合って生きているこの御夫妻に、かつてのあの日に目撃したトムソンガゼルたちの姿をオーバーラップさせて、見つめていた。

散歩から帰ると、ゴエモンの四肢と口、顎の下、下腹部とお尻を、毎回丁寧《ていねい》にシャワーで流す。これが済まないと散歩は終らないのだと、ゴエモンにも分かってきたようだった。

シャンプーでの丸洗いは、様子を見ながらの、十日から二週間に一度だった。だが、まだシャンプーをする回数が少ないだけに、私達もゴエモンも、お互い、慣れるまでにはいかない。

　まず、プラスチック製のタライにぬるま湯を張る。ゴエモンをザブリとつけてから、掌に取った適量のシャンプーを体中にまぶし、泡立てる。顔だけは別洗いにするから、シャンプーはつけない。この際、目と耳に水が入らないように気をつける。

「今はシャンプーの気分じゃない！」と突っぱねてくるゴエモンをなだめすかして洗うのだが、たとえ三ヵ月の子犬でも、抵抗されれば、その力たるや並大抵ではない。

　まだ歯加減、顎加減というのを知らないから、ペンチのような顎で「パクッ」とやられた所は、印で押したような歯型がつく。

「痛いじゃないか！」

　と顎を押さえると、丸い目でチラッと見つめ、

「痛いように噛んでるんだ！」

と、全く反省の色がない。

洗い終えたところでバスタオルで拭くのだが、この作業が、洗う以上に大変だった。

拭き始めると、この時を「待ってました」とばかりに「パクッ」とくる。しかも、実にタイミングがいい。拭いている妻の手をかいくぐり、短い口を振り回して、当たるを幸いに食いついてくる。「くるぞ」と分かっていても、鼻面がないから、押さえどころもない。

　あまり力を入れ過ぎてもと手加減すると、丸い頭がスルリと手から抜け出して、やられて

しまう。ペットショップで相談したところ、グルーミングマスク（鼻面に被《かぶ》せて、咬害から守るマスク）が良いと教えられて購入し、被せたが、短鼻犬用なのにすぐにはずれてしまう。きつく締め過ぎるのは可哀そうなのでほどほど以上には締められず、たった数分で、この試みは駄目になった。結局のところ、妻が拭いている間中、私がゴエモンの口から彼女の腕をガードし、早々に拭き終えるしか、良策は見つからなかった。

こんなゴエモンの大暴れも、有難いことに、数ヵ月間だけで終った。私たちもシャンプーの仕方をいろいろと試行錯誤しながら経験を積み、ゴエモンも次第にそれに慣れていった。その結果、生後五、六ヵ月頃になると、おとなしく体を洗わせ、拭かせるようになっていた。体を洗った後のさっぱりした気持の良さが分かってきたのと、シャンプーが痛かったり怖いものではないということを、体験を重ねることによって、理解した結果だった。

洗い場では「僕はお兄ちゃんになったろ」とばかりに顔をグイと上にしてじっとしているし、拭く際にも、噛むことはない。ドライヤーの所にも、自分の意思でやってくる。

最初の頃が信じられないほどの変わりようであり、これも価値ある「学習」の結果だったと言えるのだ。

ただ一つ、ゴエモンが「絶対に嫌だ」と突っぱねるのは、耳の内側の手入れだった。

たれ耳の犬種は耳の内部に脂《あぶら》や汚れがつきやすいからそれをこまめに拭き取ってやらな

ければならないのだが、ゴエモンは唯一、これを頑強に拒否する。

　ゴエモンが耳の内側をいじられるのを嫌がるようになったのには、理由がある。ゴエモンが生後数ヵ月の頃だが、一度だけ診《み》て貰った動物病院がある。そこに勤務する若手の女医さんだが、耳の内側を拭く際に、尖《とが》った針金の先にクルクルッと綿を巻きつけて耳の奥へ入れたのだ。見ていて「大丈夫かな」と思った矢先にゴエモンが「キャン！」と鳴いた。相当に痛かったのが分かった。それ以来ゴエモンは耳の内側に触れられるのを極端に嫌がるようになった。痛みの記憶だといえた。それがトラウマとなって、今なお、潜在的に残っている。

　妻はそんなゴエモンに「痛くしないからね。大丈夫だからね」と語りかけながら、手入れをする。実際はこの本の一行で書けるほどなまやさしいものではないのだが、根気と忍耐と愛情と対話で、解決していく。それがゴエモンと私たちの解決法であったからだ。


　八月五日、ゴエモンの生後百日目である。

　赤飯を炊《た》いてお祝いをし、ゴエモンの里であるAさん家にも持参した。

「もう百日になりますか」

　髭面《ひげづら》のAさんは顔面をクシャクシャにしてそう言うと、ゴエモンに頬ずりをした。

　その、元気印のゴエモンが、突然に食欲を失《な》くした。初めてのことである。八月八日、ゴエモン、三ヵ月と十三日目のことであった。

普段は食べ終えた時から次の食事を催促するようなゴエモンだったが、珍しいことに、前夜からあまり食欲がなかった。さらに翌朝も、いつもとは違って元気がない。起きた時から、お気に入りのトレイでぐったりとしている。食事は勿論だが、好物のヨーグルトやチーズにすら、見向きもしない。

低い鼻先に近づけてやると、

「食べたくない」と、顔をそむける。

いつものわんぱくぶりは影をひそめ、

「僕、死んじゃうかも知れない」というトロンとした目をして、見つめるのだ。

初めてのことなので、慌てた。

「僕、死んじゃうかも知れない」が現実となったら、えらいことになる。

「ゴエモン、しっかりしろ！」と励ますが、返ってくるのは、絶望的な眼差しだけだった。

気温は二十八度。暑さ寒さに弱いパグだとはいえ、まだ「死んじゃう」というほどの暑さではない。

妻も慌ててあれこれ考えながらせっせと激励のエールを送っているが、そんなことでシャキッとするゴエモンではない。ぐったりとトレイに寝そべり、前足の上に顎を乗せた悲しげなポーズを崩そうとはしない。

「おい、どうする?」と、私は言った。

いつものゴエモンらしくなくなると、妙に慌ててしまうのだ。

「病院へ連れていきましょう」と妻が言った。

まだ午前七時半だった。一分一秒を競《あらそ》うほどでもないので、八時になるのを待って、同じ町内にあるA動物病院へ電話を入れた。

昨夜からの状況から現在に至るまでのゴエモンに関するあらゆるチェック部分を、端的に話す。先生は「ウン、ウン」と聞いていたが、おもむろに「十時に連れて来てください」と言った。慌てず騒がずの穏やかな声である。

「十時に連れて来てください、だってさ。大丈夫かな、ゴエモン。お医者さん、ゴエモンのこと、知らないんだぜ」

妻に言った。十時なら、二時間も先である。

ゴエモンが上目づかいで、私を見た。

「二時間も待ってたら、僕、死んじゃう」という、相変わらずの、あの目である。

とは言うものの、状況説明の後、先生が二時間後で大丈夫だと言ったのだ。多分大丈夫なんだろう、変なものを食べさせたわけじゃないんだから、と自分を納得させる。

「それまでもう少し様子を見てみましょう」

と、妻が言う。こんな時、ゴエモンが、一日にたとえ三十秒間だけでも口をきくことが出来たらどんなに良いだろうかと思う。そうすれば、体調はどうなのか、何をどうして欲しいのか、知ることが出来るのに。それが出来ないだけに、もどかしい。

十時丁度に、A動物病院へ連れて行った。診察台に乗せる。ゴエモンは世にも情けない顔をして、私たちを見つめている。

「ちょっと元気がないですな、ゴエモン君は」

と言いながら、先生はゴエモンの肛門に体温計を差し込んだ。人の体温は腋《わき》の下《した》で計るが、犬の場合は肛門の中で計るのだ。

三十八度五分。犬としては平熱である。

ゴエモンの丸いお腹に聴診器を当てた。これも異常なしだ。

「パグは暑さに弱いですからねぇ」

独り言のように、先生は言った。

診察台の上のゴエモンは不安そうに妻の方に体を寄せ、「僕、病院は性《しょう》に合わない」と、しかめっ面をしている。

先生の家でもモコちゃんというパグを飼っていらしたそうで、つい最近、十八年という高齢で天寿をまっとうしたという。それだけに、パグについては、ことのほか詳しい。

「室温も二十六度くらいにして、休ませてやってください。そうすれば大丈夫でしょう」

淡々と言う。

「それだけでいいんですか」

不安げな私の質問に、先生はにこりとした。

「夕方には、元に戻ってますよ。いつもの元気なゴエモン君に」

確かにその通りだった。三時頃になると、彼の好物の低脂肪のスライスチーズを食べるようになり、その後、ヨーグルトや魚肉ソーセージ、ゆで卵まで、ケロリとした顔で食べてしまった。

「僕、死んじゃうなんて、言ったっけ？」

という顔だ。さすがにダンプカーみたいに走ることはなかったが、それでも夕方には、いつも通りにたっぷりと食事をした。そしていつもの天下無敵のゴエモンに戻っていた。

心のふれあい

八月の十三日の夜から三日間、ゴエモンをAさん宅に合宿させた。合宿と言うと大袈裟《おおげさ》だが、Aさんが、

「三日ほど宅《うち》に置いてみませんか」

と言ってくれたのだ。丁度忙しい最中でもあり、非常に有難く、また一つには三日間家を空けることでゴエモンがどういう反応を示すかも楽しみで、二つ返事でお願いした。

合宿に先だって、ゴエモンのハウスや食器、お気に入りの玩具類など、めぼしいものは、事前にAさん宅に運び込んだ。

この日の夕方、私たちはゴエモンを連れてお邪魔し、母犬のグチャ達三頭と仲良くしているところで、おいとましました。私たちが帰る時、犬たちはドアの所まで見送りにきた。

「じゃあな、ゴエモン。三日経ったら迎えにくるから、それまで皆んなと仲良く元気にしてるんだよ」と声を掛ける。

三頭の犬たちにも、それぞれに、

「ゴエモンをよろしくね」と頼んでおいた。

ゴエモンはグチャや大先輩の犬たちと過ごせるのが嬉しいらしく、私の声に、「大丈夫。心配いらない」と、尻尾を振った。

もっと惜別の念にかられるかと思っていたが、いたってあっさりとしたものである。

「じゃあな」と言うと、私たちよりも先に、

「バイバイ！」と言う顔をした。

「くれぐれも心配はいりませんから」

私たちの心を察して、Aさんは言ってくれた。

外へ出て、大きく伸びをした。解放されたことで、こんなにも身軽になれるものなのか、という心境だった。

「帰って一杯やるか」

身も心もリラックスして、私は言った。

風呂に入り、ビールの栓を抜き、乾杯をする。妙に静かだった。いつもならゴエモンがダダダ……と走り回り、くたびれたからといって、目の前でデーンと引っくり返り、子豚のような丸いお腹を突き出しているはずなのだが、今夜はゴエモン愛用のトレイもなく、彼もい

ない。部屋がやたらと、広く見える。

日頃は私たちがビールやワインを飲んでいると、ゴエモンが傍に来て、「僕も仲間に入れてよ」とばかりにお座りをし、肴《さかな》の焼きいかやチーズあたりをねだるのだが、見回しても、そのゴエモンがいない。

心なしか、ビールの味もいつもとは違う。

「ゴエモン、今頃どうしているかしら？」

グラスを置き、静けさに耳を傾けるようにして、妻が言った。

「どうしてるかな、あのチビ」

私も今、同じことを考えていた。

「寂しがってないかしら」と妻は言う。

つい先ほど帰ってきたばかりなのに、もう二人共、ゴエモンのことが気になっている。

何やら落ち着かぬまま、一夜が明けた。普段なら午前六時きっかりにドアに体当たりする『ドドーン』という音が聞こえてくるはずなのに、今朝はその音がない。

「ゴエモン、起きてるかな」

私は天井を眺めて、そう言った。

「いつもの『ドドーン』の音が聞こえてこないと、調子が出ないわね」と妻も言う。

ベッドを出て、階下のダイニング・キッチンへ下りた。

「ゴエモン！」と、呼んでみた。

応える声はない。あるはずはなかった。分かっているが、いつものように「僕のこと、呼んだ？」と、出てこないのが妙に虚《うつ》ろだ。

朝からティッシュ・ペーパーと雑巾を持って走り回ることがないのは幸せだったが、それとは別に、わんぱくゴエモンのいないあじけなさは大きい。

「何だか変。気が抜けちゃうわね」

ふっと息をついて、妻が言った。

「全くなあ」と、私は答える。

ゴエモンがいない数日、仕事に集中しながらも、しばしばゴエモンのことが頭をよぎった。ゴエモンと離れてみて、私たちはあらためてゴエモンの存在の大きさを知り、彼が家族の一員であることを強く認識したのだった。


小学生の頃から、いつも私の身近に犬がいた。一番犬の数が多かったのは中学生の頃だが、少なくとも五、六頭、多い時には十四、五頭が我が家の広い庭や玄関近くに集合して、私の出ていくのを待っていた。

昭和二十年代の後半である。犬たちはほとんどが畜犬商の持ち犬で、みな雑種だった。

犬たちは彼らが入れられている囲いのフェンスの戸を押し開け、あるいはフェンスの下に穴を掘って抜け出し、一キロほど離れた私の家へ大挙してやってくるのだった。

彼らとの出会いは、畜犬商の主《あるじ》が「日本犬研究所」という看板を出した時に始まり、私がフェンス越しに、十数頭の犬を眺めに行ったのが発端だった。

やがて犬たちと親しくなり、主から頼まれて、当時としては珍しかった犬舎唯一の純粋犬である秋田犬を散歩に連れて行くようにもなっていた。

私の家は若狭湾の一角にあり、家から海岸まで百メートルほどで、砂浜が広く、少し行くと岩場もあり、松林やアカシアもあった。

浜っ子の私には、最高の遊び場だった。私は彼らを連れて海岸へ行き、走り回った。

雑種の犬達のリーダーは、中型日本犬系の「五郎」だった。抜群に頭が良く、強く、しかもやさしく、仲間達から全幅の信頼を得ていた。

私は犬たちとのコミュニケーションを深めるために、彼らの言葉を勉強した。

学校の教科書には目を向けない私だったが、彼らの言葉を会得《えとく》することには、全力を注《そそ》いだ。吠《ほ》え声《ごえ》、唸り声、ささ鳴きなど、あらゆることを研究した。それを覚えて実践し、彼らと対話する。結果を克明にノートに取った。

「犬たちとの対話ノート、言葉ノート」は、大学ノート一冊分になった。勿論、言葉だけではなく、犬そのものにも詳しくなった。実践からきたものである。

後日談だが、高校の生物学の教師から「君は犬博士だ」と言われた。

●ぼくのスリッパだからね

●五郎

犬の言葉を駆使しての対話はある程度までは成果が得られたように思うが、それ以上の犬の域《いき》には、人間の限界なのか、私の力不足なのかは分からないが、どんなに努力しても無理だった。どうしても、本物の犬の微妙な部分には近づけない。しかし犬達は、やさしかった。十数頭の犬が私を取り囲んで言葉に耳を傾け、理解しようとしてくれたのだ。それが何よりも嬉しかった。

三日間のゴエモンの合宿が終った。

迎えに行った私たちに、

「ゴエモンちゃんはいい子でしたよ、みんなと仲良くやってましたし」

奥さんはそう言うと、一呼吸おいてから、私たちの心の中を見透《みす》かすようにして、にやっとした。

「本当は心配で心配でたまらなかったんでしょ。寂しかったんでしょ。違いますか」

「ま、それに近かったですね、初めての体験ですからね」

にやりとして、私は答えた。

「奥さんの顔に書いてありますよ、そうだって」

妻を見て、Aさんの奥さんは笑った。

犬たちのいる洋間のドアを開けると、先輩の犬たちを押しのけるようにして真っ先に顔を覗かせたのは、ゴエモンだった。その後ろに、グチャと二頭の犬がいる。四頭とも尻尾を振っているが、とりわけ激しく振っているのがゴエモンだった。他の犬達の三、四倍は振っている。妻を見るや否や、

「や、お母さんだ！」

と言って、尻尾どころか体全体まで振り回して、妻の懐《ふところ》に飛び込んでいく。

「今までどこへ行ってたの!?　僕、凄く寂しかったじゃないか！」

という、嬉しくてたまらない過激な喜び方をする。くっついたら、もう離れない。

「どこへ行ってた!!　どこへ行ってた!!」

としがみつき、頬を舐め回して、鼻を鳴らす。

一息ついたゴエモンは、ふと私を見つけて、

「忘れてた、忘れてた」と、しがみつく。

一段落したところで、丁重に礼を述べ、家に連れて帰ってゴエモンを下ろすと、彼は一目散にダイニング・キッチンへと走った。そこには、Aさんが事前に運び込んでくれていたゴエモン愛用のトレイとハウス類が元の位置に置いてあった。

ゴエモンはキッチンに入ると、尻尾を立て、油断なく一つ一つ嗅ぎ回り、調べて歩いた。隅から隅まで丹念に調べて歩く。自分の留守中にこの部屋に変わりがなかったかどうか、確かめているのだ。そして何事もなかったと分かると、ほっとした様子で、尻尾を振りながら、愛用のトレイに座った。

「やっぱり我が家は落ちつくなあ」

といった顔をしてみせる。

私はゴエモンに、人と相通ずるものを見たような思いになった。たとえ狭い所でも、自分の居城に戻り、遠慮のない姿で足を伸ばして、大の字になって休む。そこで初めて、心底からの寛ぎが得られる。それと同じだった。

ゴエモンの様子には、それが見られた。

「お帰り、ゴエモン」

私はゴエモンに労りの言葉を掛けてやった。

「いい体験をさせて貰ったね、ゴエモン」

ゴエモンは尻尾を振った。円《つぶら》な瞳と尻尾が、一生懸命、その間の出来事を伝えてくる。

私は二階へ行くために立ち上がった。ゴエモンが急いで足元へ来て体を擦《す》り寄《よ》せ、見上げて、少し声を出した。

「お母さん（グチャ）がね、二人にくれぐれもよろしくと言ってたよ」

そう言っているように見えた。

犬は人とのふれあいの中で、随所に温かい心を見せてくれる。前出と同じ中学の時のことだが、私は自宅の心字池《しんじいけ》の中央に架けられている反橋《そりばし》の上で寝ころんでいた。

夏の夜で、月が明るく輝いていた。

昭和二十六、七年当時の日本はまだ敗戦から完全に立ち直っておらず、食糧事情はまだまだ良くなかった。誰しもが、お腹《なか》を空かせていた時代である。

反橋に横になっている私の足元に、五郎が寝そべっていた。五郎は畜犬商である飼い主の元よりも私の所の方が過ごしやすいらしく、抜け出して、しょっちゅう家へ来ていた。

私は寝そべっている五郎に、「お腹が空いたなあ、五郎」と、語りかけた。言葉に出したのは、たった一度だけである。

五郎はじっと私を見つめていたが、つと立ち上がると、どこかへ行ってしまった。

少しして私は家に入り、寝床に入った。床について三十分くらいが経つ頃、縁側の外で、雨戸がカリカリと音をたてた。最初は空耳かと思ったが、直ぐに雨戸を引っ掻いているのが、五郎だと気がついた。カリカリという音に、鼻を鳴らす声が混じったからである。五郎は私の持ち犬ではなかったから、てっきり飼い主の元へ帰ったものと思っていたのだ。

「もう遅いから帰って寝ろよ」

雨戸越しに声を掛けたが、五郎は、その場から動く気配がなかった。仕方がないので、起き上がって雨戸を開けた。すると五郎が、月の光を浴びて、尾を振りながら立っていた。

私は五郎に目をやって、呆然《ぼうぜん》とした。彼が白い鶏《にわとり》をくわえて立っていたからである。

五郎は私が立っている縁側の縁に、ソッと、くわえていた鶏を置くと、もう一度私を見上げて、尻尾を振った。鼻を鳴らす。その声と尻尾の振りは、私に「おいしいから食べて」と言っていた。

私は裸足《はだし》のままで縁側を飛び下りるなり、我を忘れて、五郎を殴りつけた。五郎の鼻面を死んだ鶏に押しつけて、「鶏はとるな！」と激しく叱りつけながら、つづけざまに殴った。

少し冷静になり、殴るのは筋違いだと気づいたが、自分を抑えることが出来なかった。

私のために鶏を取ってきた五郎の気持を分かりながら殴っているだけに、殴りながら涙がこぼれた。拳《こぶし》を向けるべき相手は、五郎ではなく、五郎に原因をつくらせてしまった私の方なのだ。

五郎に「お腹が空いた」と言わなければ、彼が鶏をとってくることなど、なかったのだ。

五郎は尾をたれ、打たれるままに、じっとしていた。悲しげな目で見つめるだけで、いくら殴られても反抗しなかった。私の拳は赤く腫《は》れたが、五郎は声一つたてなかった。

私は白い鶏をぶら下げて、裏手の柿の木の所へ行った。五郎は悄然《しょうぜん》と頭《こうべ》をたれ、私の後からついてきた。

スコップで穴を掘り、鶏を埋める一部始終を、五郎は微動だにせずに、じっと立ちつくして見つめていた。無性に悲しげだった。それが目だけではなく、全身に溢れていた。

私は後悔の念にかられて、その夜一晩、五郎に詫《わ》びながら、布団の中で泣いた。

五郎にまつわる実話を、もう一つ書いてみたい。

高校一年の夏、私はこの日の午後、二階の教室で授業を受けていた。授業が始まって少ししてからだから、一時十五分過ぎくらいだったと思う。シーンとしている木造校舎の二階の廊下に、コツコツというリズミカルな爪音を聞いた。音は次第に近づいてくる。犬の爪音だな、と分かった。耳を澄ませていると、音は教室の入口で止まった。そして間もなく、生徒達の注目の中を五郎が鼻面で教室の戸を押し開けて、入ってきたのである。

五郎は真っ直ぐに私の机の傍へ来ると、床に腹をつけて寝そべり、大急ぎで来たらしく、大きく舌を出して喘いだ。しかし五郎には微塵《みじん》も興奮は感じられず、むしろ周りの生徒達の方が興奮し、ざわついた。

授業を邪魔したにもかかわらず、教師は犬を責めなかった。私から事情を聞いてにこりとし、

「信じられないことだよ。君への愛情と信頼だね。奇跡ともいえるすばらしいことだ」

と言ってくださった。

教師の口添えで、授業が終るまで五郎は私の傍にいた。次の授業の一時間は、私の言いつけ通りに自転車置場にある私の自転車の傍に寝そべって、待っていた。

授業が終って、私たちは一緒に帰宅した。

学校へ来たことが信じられない出来事だったので、帰宅後、母にそのことを話した。すると母は驚いた顔で、次のように昼間のことを話してくれた。

正午過ぎに五郎が家《うち》へやってきた。五郎は家へ来ると、いつものことだが、真っ先に私の履物《はきもの》を捜す。そこに下駄《げた》があれば私が中にいるし、無ければ不在だと分かる。

五郎はいつものように玄関で私の履物を調べたあと、不在だと分かって、畑に出ている母の所へ行った。

母の傍へ行くと、五郎は問いたげに鼻を鳴らした。母には五郎が何を教えて貰いたがっているのか直ぐに分かったから、

「ヤーちゃん（私の愛称）は学校。学校へ行ってるの」と、繰り返し、教えた。

すると、母の口元を凝視していた五郎が、突然、叫ぶように吠え、母に頭を擦りつけてから、その場から走り去ったという。

それから一時間前後して、五郎は家から四、五キロ離れている私の学校へ来、全校生徒千

四百人という広い校舎の中から、私が授業を受けている二階の教室を捜し出したのだった。

私はこれまでに一度も学校へ五郎を連れてきたことはなかったし、自転車通学をしていたから、臭跡を残したわけでもない。

学校なら、私が通う高校よりももっと近くに小学校や中学校が三校あり、私の通う普通高校の隣りには、水産高校がある。少し離れて、農業高校もある。それなのに五郎がどうやって私の通学する高校を捜し当て、二階のはずれにある教室まで来ることが出来たのか、今もって分からない。多分、五郎だけが持つ超常の能力の為せる業《わざ》だったと思う。

その後幾度か五郎ひとりで学校へ来ることがあったが、五郎は教室へは来ずに、いつもおとなしく私の自転車の傍に寝そべって、いつ出てくるとも知れない私を待っていた。全ての犬に当てはまることではないが、このことからして、「ある犬には、人間に推《お》し量《はか》ることの出来ない能力がある」ということだけは、確かである。

私とのつき合いの中でいろいろなことを教えてくれた五郎に、このページを借りて、あらためて、心から「ありがとう」と感謝の気持を伝えたい。五郎が今、ゴエモンに会っていたら、彼はゴエモンに何を教え、何を語ってくれているだろうか。

縁あって

八月も半ばにさしかかった十二日の午後、私たちはゴエモンと光が丘公園へ行った。

団地が間近に見える所に、子供たちが水遊び出来る場所があった。

数人の子供たちが水深十センチほどの流れの中で歓声を上げて、水しぶきを跳《は》ね上げている。

ゴエモンは早速囲いのプールに飛び込んで、バシャバシャと走りはじめた。

真っ先に「わっ、可愛い！」と言ってくれたのは、二人の小学生の女の子たちだった。

一人は近くの団地に住むM子ちゃんで、もう一人は、親戚のN子ちゃんだ。共に笑顔が愛らしい五年生である。

「お名前、何て言うの？」

屈《かが》み込《こ》んで、M子ちゃんがゴエモンに尋ねた。

「僕、ゴエモンです」

妻が、代わって答える。

「いいですか、一緒に遊んで」

N子ちゃんが、私たちの方に顔を向けた。

「遊んでやってください、お願いします」

妻が言った。ゴエモンは胸まで水に浸《つ》かったその場から、ちらっと私たちの方を見た。

「遊んできてもいい？」という表情だ。

「遊んどいで、ゴエモン」と、私は言った。

その声に反応して、ゴエモンが二人の所へ水を跳ね上げてすっ飛んで行く。少女達とゴエモンは、瓢簞《ひょうたん》形をした浅いプールの中で、歓声を上げて追い駆けっこをはじめた。

私は通称「ゴエモンのベンツ」と言っている自転車にもたれて、それを眺めた。ゴエモンの喜びが、私たちにまで伝わってくる。

M子ちゃんの手に、赤いハンカチがあった。ゴエモンは日頃から手袋やハンカチの類《たぐい》に目がない。これを見せられると、「それ、頂戴《ちょうだい》！」とばかりに飛びついてくるのだ。

ゴエモンがこれを見逃すはずがなかった。サッと走り寄ると、ジャンプしてM子ちゃんの手からハンカチを取り、振り回して、水に浸けた。「あっ！」と思った時には、ハンカチはびしょ濡れだった。

私は大急ぎでハンカチを取り戻し、「ごめんね」と詫びて、M子ちゃんに返した。彼女はにこりとして「濡らそうと思ってたから」と言った。「申し訳ないことをした」という私たちの気持を少しでも軽くしようとしてくれたと思われる、やさしい言葉だった。

「おいで、ゴエモン」と、M子ちゃんがゴエモンに声を掛けた。ゴエモンが彼女に走り寄る。M子ちゃんはゴエモンに見えるようにして、ハンカチを流れに浮かべた。ハンカチは流れにそってゆるやかに動き出す。ゴエモンがそれを追って、大喜びで水しぶきを上げて走る。二人の少女もゴエモンと一緒になって走り、キャッキャと声を上げてはしゃぎ、笑っている。

ゴエモンがまさに満面に笑みで、私たちの所へ戻ってきた。ハアハアと全身で喘いでいる。

「楽しそうだなあ、ゴエモン」と声を掛けた。

「こんなに楽しいの、久しぶりだよ。僕、二人が大好きなんだ。とってもやさしいしさ」

胴震いして水を弾き飛ばしてそう言うと、ゴエモンは体を弾ませて、またU《ユー》ターンして、二人の所へ駆けて行った。

ゴエモンの跳ね上げる水しぶきと飛びついた前足で、二人のスカートはびしょ濡れだった。

ゴエモンと少女たちは、三十分ほども休みなく遊んだ。別れる時、

「ゴエモン君、また偶然、会えるといいね」

少女たちはびしょ濡れになりながら、もう一度ゴエモンを抱きしめてくれた。

私たちはゴエモンと一緒の時にはいつもカメラを持ち歩くようにしていたから、ゴエモン

と少女たちの楽しいひとときを何枚かスナップに収めた。後日写真を送ってあげたら、二人から「ゴエモン君、あの時はとっても楽しかったよ」と、ゴエモン宛に手紙がきた。ゴエモン宛の、初めての記念すべき手紙であった。

妻は二人からの手紙をゴエモンに読んで聞かせた。ゴエモンは分かった顔で、目をキラキラさせて、聞いていた。

「偶然、会えるといいね」で別れたが、まだ偶然はやってこない。そのうちやってくる偶然を、ゴエモンと私たちは楽しみにしている。

八月の二十日だった。生後三ヵ月と二十四日目である。夜、ゴエモンの体重を量った。九キロになっていた。

散歩の途中で、十ヵ月だというパグの雌犬に出会った。キュピちゃんといい、小型でほっそりとしていて人なつっこい。五キロだと言った。ゴエモンは尻尾を振り、クンクンと嗅いでやってから、「でっかい僕の方がお兄ちゃんみたいだろ」という顔をしている。

四ヵ月弱のゴエモンと十ヵ月のキュピちゃんなら、人間の子供に例えるなら、六歳足らずのゴエモンと、十五歳くらいの女の子の年齢差である。以後時折このパグの女の子キュピちゃんとは光が丘公園を中心に出会うことになり、一番の仲良しになった。

キュピちゃんには抜群のスピードがあったから、ゴエモンとの駆けっこの最良のパートナーとなった。二頭が出会うとどちらからともなく誘い合って、すぐに駆けっこが始まる。水すましのような追い駆けっこだ。逃げる側はキュピちゃんで、それをゴエモンが追う。疲れるとひと休みして、再び追い駆けっこが始まる。その繰り返しだった。

ところでゴエモンのスタミナだが、これがまた大変なもので、四ヵ月にも満たないのに、走るにしろ遊ぶにしろ、ちょっとやそっとでは疲れたとは言わず、無尽蔵のエネルギーに溢れている。パグの本によると、「二十分ほどの散歩で十分」と書いてあるが、ゴエモンはこれでは全く物足りない。ゆっくりと歩かせようとすると、グイとリードを引っ張って「走ろうよ」と誘いをかけてくる。軽く走ってやると「そんなんじゃ物足りない」と、走りながら振り仰ぐ。スピードを上げると、「ね、力一杯走ると楽しいよね」

ゴエモンは生き生きするのだ。

とは言っても、骨も十分に固まっていない年齢に比べて、体重があり過ぎる。路面が土や草なら心配することもないのだが、都会地の路面は、固くてザラザラしたアスファルトかコンクリートばかりだった。そこを体重を爪先にかけて走るものだから爪は路面でヤスリをかけているようなもので、またたく間に削《けず》り取《と》られてしまう。特に前足の中央の二本が、あっという間に擦り減ってしまった。

爪の根元の部分には、神経がきている。ここまで擦り減ることはないだろうとは思うが、こないという保証もない。神経まできたらやっかいなことになる。

考えたあげく、手足に手作りの木綿の靴下を履《は》かせた。これなら多少のことなら大丈夫だ。しかしゴエモンには、親心は通じなかった。五メートル歩いて前足の靴下を取り、十メートル歩いて、後足のを脱いだ。半日掛かりの労作が、わずか数十秒で終りになった。幼い頃の段ボールのハウスよりも短命だった。

三日ばかり外出禁止にして、それからしばらくは自転車の前籠に乗せて公園に連れて行き、草と土の上だけを走らせることにした。

八月二十八日、ゴエモンに三回目の予防注射を打つために、三つ離れた駅の病院まで電車で連れて行った。この病院はゴエモンの親元であるAさん家掛かりつけの所で、一回目からの継続なのだ。

電車に乗るのは、彼は初体験である。

ゴエモンは格子窓のあるキャリーの中から外界を覗き、珍しげに眺めている。犬は手荷物扱いになるので、降りた駅でその都度料金を支払うことになる。所定の駅まで人間は百十円だが、ゴエモンは二百六十円になる。

駅から病院まで、徒歩で数分。無事、予防注射を終えた。「笠原ゴエモン」と書かれた「犬の診察手帳」には、注射済みのスタンプがしっかりと押されていた。これで予防注射は完了だった。

この日の夕方、私と妻はプールへ行く途中の路上で子雀《こすずめ》を拾った。まだ十分に飛べない上に、肩に傷がある。古里《ふるさと》にいた少年時代、子雀を拾ってきた経験が幾度もあるから分かるのだが、この子雀は異常なほど軽い。喉《のど》の下にある胃袋に触れてみると、全く何も入っていないのが分かった。子雀の身の上にどんな事情があったのかは知らないが、長期間にわたって、飲まず食わずできていることだけは確かだった。

近くに親鳥の姿もなかった。

落ちていた場所は本通りにあるガソリンスタンドの傍で、人や車の他にも、犬や猫がよく通るところだ。子雀は、薄暮の中、浅い溝状の所に石ころのように転がっていた。近づくと、パタパタッと一メートルほど移動して止まる。かなり衰弱しているのが分かった。

放っておけば間違いなく車に轢《ひ》かれるか猫に殺《や》られる。万が一殺られなかったとしても、この状態で命をながらえるのは無理だった。飛べないから、草むらや木に放つことも出来ない。事後のことを考えると目をつむって行き過ぎたくなったが、子雀を目にした以上、そういう訳にもいかなかった。

とりあえずプールの途中にあるAさん宅に子雀を預け、帰りに引き取ることにした。

事情を話すと、Aさんの奥さんは快く引き受けてくれた。二時間後に、私たちは子雀を受け取って帰宅した。傷口に薬をつけておいたから、と奥さんは言ってくれている。

子雀は時折目をつむるほど元気がない。

取りあえず御飯粒をお湯で柔らかくして、さらに小さく潰《つぶ》して与えてみた。口をつまんで少し開けさせ、隙間から、薄く削った割《わ》り箸《ばし》の先につけて食べさせる。

始めはおっかなびっくりだった子雀だが、細い喉を動かして、少し食べた。二度三度と与えながら、指先に水をつけて飲ませる。これも飲んだ。生きていける、と思った。

その後も私たちは交代で、少しずつ食べさせた。横からゴエモンが子雀を覗き込んで、尻尾を振っている。

「早く元気になるといいね、雀ちゃん」

と、妻が言った。

「早く良くなって、僕と遊ぼうね」

ゴエモンのキラキラした目が、そう言っている。

私は段ボールで即席の巣箱を作り、中に段違いの二本の棒を渡した。留《と》まれるように工夫した。さらにいつでも休めるようにとタオルを巣の形にして寝床をつくり、脇に水を用意した。この日の終りには、子雀は箸先から柔らかい御飯粒を食べるまでになっていた。

子雀が元気になってくれることを願って床についたのは、午前一時過ぎである。

翌朝は六時前から、元気にさえずる子雀の声が二階まで聞こえてきた。

「良かった。生きてる、生きてる。元気になってくれたよ、もう大丈夫だ」と、私は言った。

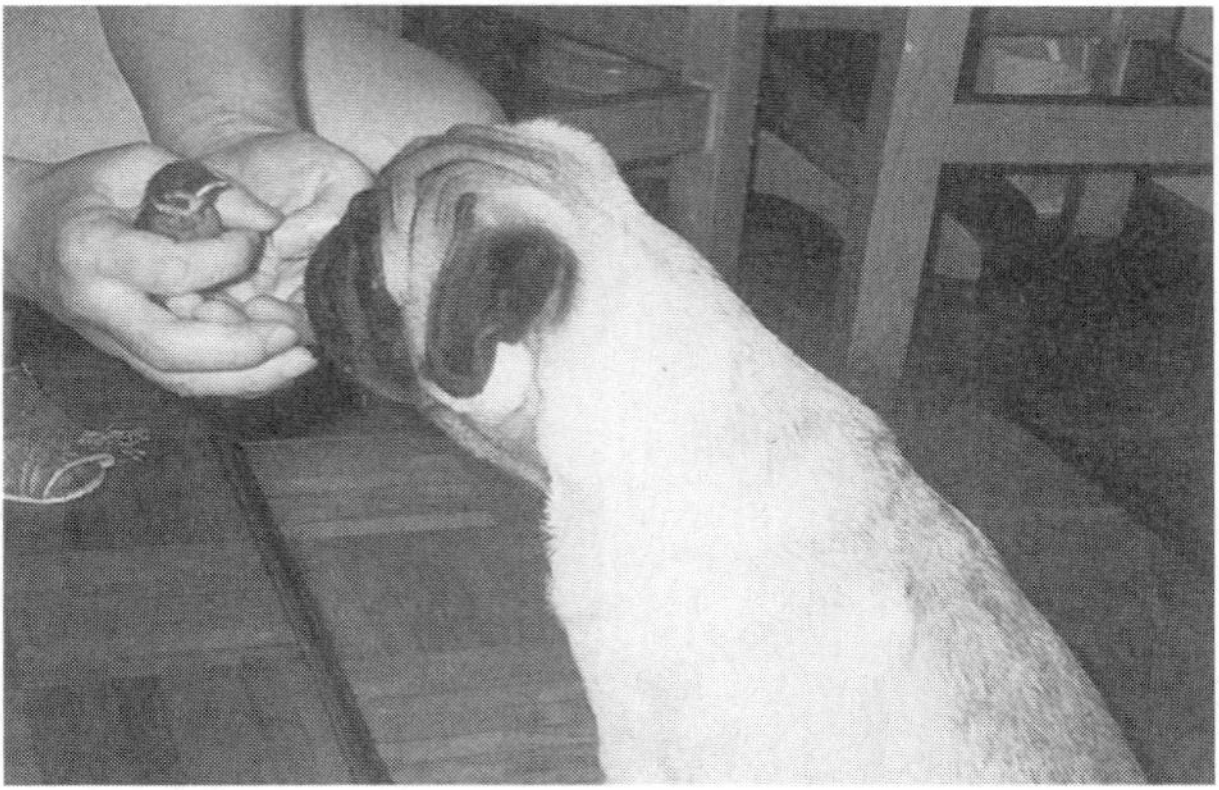

●チュンちゃん、元気になってね

「良かったわねぇ」妻も安堵して、そう呟く。

急いで居間へ行くと、段ボール箱から抜け出した子雀が、薄暗い部屋の中を飛び回っている。ハンガーに摑《つか》まり、飛び移って、障子の桟《さん》に留まる。留まっては「チュン！」と鳴き、鳴いては、飛び移る。

「本当に良かったなあ、元気になって」

雨戸を開けた。パッと明るい光が部屋一杯に射し込んだ。ゴエモンもまん丸い目で子雀を見上げて、

「僕もあんなに飛べたらなあ」

と、尻尾を振っている。

子雀は昨夜よりもずっと元気だった。指先に乗せると、留まった先で、「チュン！チュン！」と、活発に鳴いた。部屋を飛び回る。一遍《いっぺん》に賑《にぎ》やかになった。御飯粒も良く食べる。

「昨夜はどうなるかと思ったよ。心配した

ぜ」

指の腹で背を撫でてやると、心地良さそうに目をつむる。

「僕も、とっても心配した」と、ゴエモンも神妙な顔をして覗き込む。手の中の子雀を見せてやると、ゴエモンは壊れ物にでもさわるかのように、そっと小さな舌で舐めてやる。早く元気になってね、と言っているようだ。

午後も元気だった。手から御飯粒も食べる。

「もう安心だ。ゴエモンと仲良しになれたし、子雀を連れて光が丘公園へ行けるようになったら最高だね」

私たちは子雀がゴエモンの頭に留まって散歩している姿を想像して、微笑んだ。ゴエモンも私たちと同じ気持なのか、居間の空間をさえずりながら飛ぶ子雀の姿を目で追って、お座りをして尻尾を振っている。

子雀の宿も、大きなものに作り変えた。

夜がきた。子雀は思いっきり甘えたように指先から御飯粒を食べ、水を飲む。掌が気に入ったらしく、じっとしている。

そして、大きく「チュン！」と鳴く。

「元気になれよ。そして大空を飛ぶんだ、力一杯な。いい子だ、いい子だ」

私は子雀の背を撫でてやった。大空への夢が広がった。心が通じたらしく、子雀は丸い目でじっと私を見つめていた。そして「チュン！」と鳴いた。

翌朝、いつもより早く、目が覚めた。昨日はあれほど「チュン、チュン」と賑やかだった子雀が、今朝はシンと静まりかえっている。

静寂そのものだった。胸騒ぎがした。

「いやに静かだな」と、私は呟《つぶや》いた。妻も目覚めていて、耳を澄ませていたらしい。

「どうしたのかしら」と、不安げに妻も言う。

「見てくる。元気でいてくれるといいんだが」

私は急ぎ足で階段を下りて、居間へ向かった。子雀の特製ハウスを開ける前に、雨戸を開けた。昨日と同じ明るい光が部屋一杯に射し込み、段ボールに切り込みを入れて作った窓から、中の様子がうかがわれた。

子雀は柔らかく敷いたタオルの上で死んでいた。小さな亡骸《なきがら》はとても軽かった。こんなに軽い体から、どうしてあんなに元気のいい声が出たのかと思われるほど軽かった。冷たかった。無防備で、私の掌の上で、じっと横たわっていた。

昨夜遅くまで、あんなに元気でさえずっていたのに――。

無性に悲しかった。切なかった。私は子雀を掌にのせたまま、ボロボロと涙をこぼした。溢れ出る涙を止めることが出来なかった。命というものの、無常と、哀れを感じた。

この世に生を受けてまだほんのわずかしか経っていないというのに、もう死ぬなんて。

妻も泣いていた。ゴエモンにも子雀の死が分かるらしく、見つめたまま悄然としている。

子雀を拾ったのは、一昨日の夜である。家にいたのは、ほんのわずかだ。ほんのわずかだが、すでに家族になっていた。だから悲しいのだ。涙が流れるのだ。

「もうチュンちゃんは、いっちゃったのね」

涙を拭《ぬぐ》いながら、妻が言った。チュンちゃんというのは、私たちが子雀につけてやった名前だった。

「昨夜あれほど元気に鳴いたのは、自分の命が長くないのを知っていたからなんだ。精一杯、鳴いて飛んで、短い命を生きた。本当は大空を思いっきり飛びたかっただろうに。お母さんに甘えることさえ出来ずに逝《い》ってしまった。可哀そうにな」

「あの一日が、一生分の一日だったのね」

「ありがとうって、言ってたような気がする。子雀には、きっと気持が通じてたと思うよ」

「そうだといいわね。悲しい結果になったけれど、私たちを喜ばせようと、チュンちゃん、力をふりしぼって、元気を見せてくれたのね」

「そうだと思う」

「ほんの短い間だったけど、少しでも幸せを感じてくれたかしら」

「ああ、感じてくれたと思うよ」

「それにしても、辛いわねぇ」

私たちは子雀の亡骸を白い布で丁重に包み、天国で食べられるようにとお米と水をたずさえて、光が丘公園へ行った。緑の多い地に埋めてやる。ただし、人には絶対に踏まれたりしない場所だ。子雀を誰にも踏ませたくない。

思いきり飛びたかったであろうと思うと、再び胸が熱くなる。

「天国で思いっきり高く飛べよ、チュンちゃん」

光が丘公園の上空は青空だった。その青空に向かって手を合わせ、祈りを込めて私と妻は呟いた。

小さな命も、けなげに懸命に生きようとしていること、それぞれ種《しゅ》は違っても、心があることを強く感じた。子雀は私たちに命の尊さをあらためて教えてくれた。

この日、ゴエモンに食欲がなかった。子雀の死が影響しているのかどうか、しょんぼりとしている。食べたのは、プチトマトを十個だけ、というのは何と説明したら良いのだろうか。やはりゴエモンの心にも、私たちと同じように何かがあったのだろうと思われた。

ゴエモンのベンツ

私たちがゴエモンを乗せて出掛ける時の自転車を「ゴエモンのベンツ」と呼んでいるが、その「ベンツ」の前籠が狭くなった。

ゴエモンの成長がいちじるしくて、通常の前籠の高さでは、ゴエモンが落っこちそうになってきたのだ。自転車店を捜し歩いたが、私たちが必要としている大きさの籠は皆無だった。そこで工夫して前籠の前の部分を高くすることにした。

まず家庭用品店でコの字形になったスチール製の水切りのような素材を買い、荷籠の上に立てて取り着けたのである。台所用品の利用であったが、これによって従来の前籠よりも十五センチほど高くなり、ゴエモンが落下する危険はなくなった。

新たに取り着けた部分の上には、厚地のバスタオルを巻きつけて留《と》める。こうすれば、立ち上がって前足をかけたゴエモンが、手や爪を痛めなくてすむ。

愛犬家が荷籠に飼い犬を乗せる場合の一番の危険性は、荷籠の硬い鋼《はがね》の網の目だった。荷籠は本来動物を入れる場所ではないから、この隙間に小型犬の細い爪先が入りやすい。入ったところで犬が急に立ち上がったり、唐突《とうとつ》な自転車の揺れで体をひねったりしたりすると、硬い網目に入った爪が折れたり割れたりして、ひどい時には神経や筋肉までも痛めてしまう。獣医師に掛かっても簡単に治療出来るものではないし、時によっては、ゾッとするような結果になったりもする。

時折小型犬を無造作に荷籠に乗せている人を見かけるが、『転《ころ》ばぬ先《さき》の杖《つえ》』、という言葉もある。愛犬をアクシデントから守るためにも、籠には全面にビニールや布を張るとかして、十分に気をつけてあげて欲しいものである。

ところで「ゴエモンのベンツ」だが、この自転車を買ったのは、今から十数年前になる。当時はまだゴエモンはいなかったから、ただの「自転車」だった。B社製の良い自転車に巡り合えたからだろうが、購入して以来、一度も故障したことがない。手入れのほどはまずまずだが、どこといってサビてる箇所もないから、自転車自体はこれまた新車と大差はない。

ある時、購入した自転車店で「大切に扱ってますからご覧の通りです。あと十年は乗れますよ」と得意気に言ったところ、「お客さんのように大切に十年も二十年も乗られると、自転車屋としては商売はなりたたないんですよ」店主は苦笑まじりに、そう言った。

「みんながお客さんみたいに大切に乗ってくれると嬉しいんですがね」を暗に期待していただけに、あらためて現実というものを教えられた気がした。

ともあれ、私はこれから先もこの古い新車「ゴエモンのベンツ」に感謝しつつ、彼の寿命が続く限り、大切に乗っていくつもりである。

私の中学一年の頃のことだが、自転車は今ほど町に氾濫《はんらん》していなかった。どこの家庭にでもあるといえるほどポピュラーではなかった。当然というべきか、私の家にもなかった。

その頃、私の家にMさんという郵便局員がちょくちょく顔を出していた。五十代のはじめくらいだったと思うが、彼は訪ねてくると局の真赤な自転車の前棒から書類の入った革の鞄《かばん》を取りはずし、それを持って、宅《うち》へ入ってくる。

上がり口に腰を下ろして、お茶を飲みながら、十五分ほど話し込んでいく。その間自転車は、門のところに停めてある。

彼の乗ってきた局専用の〒マーク入りの自転車は一般に流通している黒一色の自転車よりも軽くて走り心地が良かったから、彼が来ていると分かると私はいつもこっそりと裏口から門の方へまわり、鍵の掛かっていない彼の自転車に乗って、海岸近くや附近を走り回った。所要時間は大体十五分前後と決めて戻ってくるのだが、腕時計を持っていないからそれよりも延びることもあり、また彼が早めに話を切り上げてくることもあって、私が戻ってくると、母と彼が門の傍に立っていることもあった。自転車がないのは私の仕業だと分かっているから、彼は辛抱強く待っていてくれたし、一度も嫌味を言うことはなかった。母は「すみませんねぇ、いつも」と言い、彼は笑顔で「いやいや」と言った。

彼はその後も、分かりきっているにもかかわらず、一度も鍵《かぎ》を掛けようとはしなかったから、暗に「乗ってもいいよ」と言ってくれていたのかも知れない。これは都合の良い私自身の解釈ではあるが。今も私は当時を思い出すとその頃の自分に戻ることが出来るし、自転車を貸してくださったMさんには、とても感謝している。

ゴエモンが生後四ヵ月になったばかりのこの日の昼下がり、光が丘公園で五、六頭のシーズーと一緒にいる四人の中年女性に出会った。彼女たちは丘の中腹に腰を下ろし、のんびりとおしゃべりをしていた。

通り掛かりでもあり、犬を連れている者としてちょっと声をかけておこうと軽い気持で立ち寄ったのだが、このグループのシーズーの中に一頭だけ、最初からゴエモンを敵視する犬がいた。傲慢な面構えの白黒の犬で、ゴエモンを見るや否や走り寄ってきて立ちふさがり、仲間に加えるのを拒んだ。

ゴエモンがいつもの人なつっこい感じで尻尾を振りながら「遊ぼ、遊ぼ」と犬たちの輪の中に入っていこうとすると、この犬が右に左にゴエモンの進路をふさぎ、激しく唸って、食いつく素振りまで見せて威嚇《いかく》するのだ。

ゴエモンが成犬ならば分からないでもないが、ゴエモンはまだ四ヵ月になったばかりの幼い子犬である。

しかしゴエモンは一向に平気で、

「前を通せんぼするなら横からいく」とばかりに回り込もうとするのだが、やはりこの犬が走り寄ってきて、牙をむく。「絶対にお前には遊ばせない」といった様子が、私たちにもありありと見てとれた。

ゴエモンは平然としているが、あまりにもあからさまな嫌がらせに、私たちの方がムカムカし、一方ではそんな仕打ちが悲しくなった。

それを目にしている飼い主たちも犬を戒《いまし》めることはなく、我れ関せずで談笑している。

「ゴエモン、行こう。向こうで走ろう」と、私は言った。ゴエモンは彼以外の犬たちと遊びたがっているようだったが、その犬がいる限り、犬たちの輪には入れない。他の犬たちもその犬に気がねしてか、離れたところで尻尾を振ってみせるが、ゴエモンには近づけない。

私はこのシーズーに、質《たち》の悪い人間の子を見ているような気がした。私はゴエモンを促して、グループを離れた。

その後も度々彼らのグループに出会っているが、その都度《つど》ゴエモンに対するそのシーズーの意地の悪い態度は変わらなかった。

それからは光が丘公園で見かけても、ゴエモンを彼らに近づけないようにした。何の悪さ

●まだかなまだかな、お帰りは

●愛用のゴエモン・ベンツで

もしていないゴエモンに、嫌な思いをさせたくなかったからである。

光が丘公園には情報が溢《あふ》れている。大抵はどれも有難い役に立つ情報である。病気のこと、獣医さんのこと、公園に散歩に来ている犬たちの中で特に注意しなければならない危険な犬のこと、等々だ。それぞれが参考になり、教えられることが非常に多い。

公園に来ている犬友の一人に、四頭の犬を連れてくる三十代の男性がいる。彼の持ち犬はどれも人なつっこい犬ばかりで、ゴエモンとも親しい。

「気をつけた方がいいですよ、ゴエモンちゃんは人なつっこいですから」と、その人はゴエモンの頭を撫でながら、そう言った。

「気をつけた方がいいって、どんなこと

に？」

　意味が分からないので、私は尋ねた。

　彼は一呼吸置いてから、

「可愛い犬とか良い犬を見ると、連れてっちゃう女《ひと》がいるんですよ。中年過ぎのおばさんですけどね。彼女、小型の雌犬を連れてて、公園に来ている目をつけた犬がその雌犬に興味を持ってついていくと、彼女は素知らぬ素振りで犬たちを引き連れたままさっさと立ち去ってしまう。彼女が手をくだしたという証拠は残らない。飼い主が気がついた時には、後の祭りという訳です」

　そう言うと彼は一頭のミニチュア・プードルを抱き上げて膝に乗せ、

「私のこの犬も一度そういう目にあって大急ぎで後を追いかけて公園の入口の所で連れ戻しましたけど、その女《ひと》はそそくさと逃げるようにして立ち去ってしまいました。それ以前にも私の小型犬が一頭、公園で消えちゃってるんです。その女の仕業かどうかは分かりませんが」淡々と、彼は言った。

　私も幾度か、公園内で似たようなことを耳にした。たった一度聞くのとは違い、複数の人から異口同音で聞かされると『やはり噂《うわさ》は本当なのか』と、注意深くなる。

「犬を連れていく人はその女だけじゃないみたいですよ。他にも連れ去る常連がいるようです、ほぼ確かな情報ですが」と彼は言った。誘拐《ゆうかい》事件は人間社会のことだけではないらしい。

それよりもむしろ多発している。

「どうするんでしょうね、連れていった犬は」

「やっぱり売るんじゃないでしょうか。そんなに何頭もの犬を好きで飼うとは思えませんからね」

私は現場を見ていないので確かなところは分からないが、雌犬を追ってどこまでもついていく犬を幾度も見たことがあるだけに、十分に有り得ることだと思った。

公園に出入りする人間は雑多だ。何も光が丘公園だけに限ったことではないが、『妙な』と思わせる人間を公園内で目撃したこともあるし、『本当に飼い主だろうか』と疑わせる挙動と風体《ふうてい》の男たちを見たこともある。とにかく気をつけるにこしたことはない。

「お互いに気をつけましょう」と、締めくくる言葉で彼は言った。

「いなくなった犬のことは今でも時々思い出しますよ、今頃どうしているかなあ、ってね」

その一瞬、彼は寂しげな声になったが、

「雌犬《おんな》は恐いからな。気をつけろよ、ゴエモン」

彼はゴエモンの頭を撫でながら、ふっと笑って、そう言った。

ゴエモンはことのほか水が好きだ。無鉄砲だから、無茶な飛び込みなど、平気でやってみせる。そこのところが、私と共通している。

中学一年の夏だった。私の家から海岸までは百メートルほどで、丁度そこは市の海水浴場に指定されていた。

その日の昼下がり、私は友人四人と飛び台から飛んだりして遊んでいたが、ふと誰かが公園の方へ行ってみないかと言い出した。理由はないが行くことになり、町中を水着（と言っても海水パンツではなく、黒い三角布）一つで五十分ほど歩いてO公園に行った。海の片側が山で、登ると眼下に実に美しい風景を眺めることが出来る。ひとしきり遊んだあと、夕方になり、帰ることになった。

「来る時は歩きだったから、帰りは泳いでいこう」と、私は言った。そこからだと、来た時の海水浴場まで、距離にして三キロちょっとだった。

「そんなの無茶だよ、危いよ」と一人が言い、誰も賛成する者はなかった。四人とも来た時の道をたどって、戻るというのだ。

「じゃあ、ここで別れよう。僕は泳いで帰る」と私は言った。

みんなは止めたが、私は意思を曲げず、岩場から海へ入った。私の家の下の海岸へ行くまでには二本の大きな川と、海に長く突き出した防波堤の先端などを越えなければならない。そこには岩もある。川は二本とも海へ流れ込んでいるから、下手《へた》な泳ぎをすれば沖の方へ持っていかれる。気をつけることは他にも幾つかあった。海には目には見えない流れもあるから、常に陸地から離れ過ぎないことだ。私は陸地を右に見て、二百四、五十メートルあたりの沖合いを泳ぎ出した。手を振ってくれていた彼らの姿も、点になってもう見えない。

私はクロールで泳いだ。夕刻がじわじわと深くなってきているだけに泳いでいる者はいないし、近くに船もなかった。頼れるのは自分だけであったから、私は進む方向だけを確認して泳ぎ続けた。海には慣れていたから怖さはなかったが、ここで万が一何かが起これぱそれまでだな、という気持はあった。でも自分にはそんなことがあるとは思っていない。泳ぎに自信があるだけに、過信しているな、という気持もあった。

二キロ少々を過ぎたあたりで、空模様がおかしくなってきた。泳いで帰ろうなんて言わずに陸地を帰った方がよかったかなという思いが、ふと頭をよぎったが、一旦口にしたことは撤回したくない私であったから、途中で岸に上がることなどは考えなかった。

唐突に夕景が灰色に変わってくると、海面の小さなうねりに加えて、さらにその波が泡だつようにさざ波立ってきた。波の色も濃い灰色になる。目的地まで、まだ一キロはあった。不気味さが増した。それでも途中放棄はしたくない。私の性格だった。急ぐしかなかった。私は泳ぎのペースを上げた。風も多少出てきたようだったから、沖へ流される危険性もあったのだ。雨はまだこないが、暗さが増すのも嫌な感じだった。軽い気持ではなく、今では真剣に泳いでいた。海を軽く見すぎていたつけがきたのか、と思った。

家の下の海水浴場まで、あと四百メートルほどだ。泳ぎながら、徐々に陸地へ寄っていく。私の泳ぎはそれまでと全く変わっていなかったし、クロールのリズムも変わっていない。

小刻みな波の動きだけが気になった。

陸地まで二百数十メートルに近づいた。さらに泳ぐ。その時、クロールで進むバタ足の先が、何か硬いものを叩いた。足の指と甲の部分にガツンときたのだ。その堅さは木とかそんなものではなく、もっと重く、生ゴムを固めたような感触だった。クロールは真っすぐに前へ泳ぐ泳法であるから、浮遊物があれば足に当たる前に当然腕や頭に当たるはずである。それが、足先に当たった。妙だ、と思ったが、そのことについて考えるまいとした。誰もいない薄暗いこの海で、振り返って確認するのは恐《こわ》かったし、波のざわつきも大きく、夕空は今にも落ちてきそうな色を濃くしていたからだ。

私はさらにスピードを上げて泳ぎ出した。四、五メートルかもう少し進んだところで、またもや足先が後方からくる固いものにぶつかった。先ほどと同じ感触だった。その瞬間、魚だ、と直感した。大きな魚の頭を蹴ったらしい。しかもその大きな魚が私を追ってきている。

二度目に蹴とばした時、今までに体験したことのない得体《えたい》の知れない恐怖がやってきた。私は残りの百数十メートルをがむしゃらに、誰もいない海岸へ向かって、全力で泳いだ。

足への接触は二度で終った。腰まで立つところに辿《たど》り着《つ》いた時、「助かった」と思った。だが、相手の実態を見たわけではないので、何がぶつかったのかは分からない。

それから数日後、若狭湾にサメが現われたというニュースを聞いた。ひょっとしたら、あの時の魚はサメだったのだろうか。それは今なお分からないが、その時の恐怖感と足先へガツンときた重い感触は、今でもはっきりとよみがえらせることが出来る。

もう一つの海での出来事は、福井放送のアナウンサーをしていた二十四歳の時のことだ。私は休日のこの日、同僚のN君と三国町《みくにちょう》にある越前松島《えちぜんまつしま》で、岩場に小舟をつないで、海に潜って、サザエやアワビを採っていた。ふと気がつくと、小舟は岩場を離れて七、八十メートル沖の方へ流されていた。海での七、八十メートルなどたいした距離ではない。

「どうしようか」と彼は言い、「僕がとってくる」と私は言った。泳ぎならまかせておけという気持がある。

「僕も行くよ」と言った彼を残して、私は小舟を追って泳ぎ出した。クロールには自信があったから全力で泳ぎ、もう目の前に小舟があるだろうと思って顔を上げると、私と小舟との距離はほとんど詰まってはいなかった。いくら泳いでも近づけない。そこではじめて海流の強い力で沖合いへ持っていかれているのに気がついた。振り返ると「僕も行く」と言って泳ぎ出したはずのN君がいない。彼は途中から引き返したらしいのだ。

今さら戻ろうにも、この強い力に逆らって戻るなんてことは出来ない。岩の方を見ると岩場が小さな点になり、海岸線が細い線になっていた。かなりの深度があるために海面に顔をつけると、その下は底知れないほど黒く不気味に見えた。泳いでいるのは、外海の日本海なのだ。泳げども泳げども、小舟はその先にある。

ビーチボールを海に流された経験のある方はお分かりだろうが、風と海流によって、小舟は島一つない海面を沖へ沖へと、かなりの速さで流されていく。

戻れないと分かった今、あとは少しでも距離を詰めていき小舟に到達する以外に方法はなかったから、体力の温存を考えながら持久戦に持っていくことに決めた。

初めて泳ぐ海を、何キロ小舟を追って、沖へ向かって泳ぎ続けただろうか。海岸線はもう見えなかった。

それからさらに泳ぎ続けたところで、小舟は停まった。本当は「停まった」のではなく、たまたま近くに来ていた漁船が無人の小舟をいぶかしがって、止めてくれたのだった。

私を船に引き上げてくれたあと、「どうしたんだ?」と彼は尋ね、私は「流された」と答えて、理由を話した。このあたり一帯は遊泳禁止区域で危いよ、と彼は言った。

それからしばらくして、N君がチャーターした漁船に乗って迎えに来た。

「どうして引き返したんだ?」と言ったところ、N君は「このまま行けば、二人とも駄目になってしまうかも知れない。それよりも引き返して助けを求めた方が良いと思った」と答えた。その時は「勝手に引き返して、何を言ってやがる」と思ったが、冷静になって考えると、直情的な私の行動よりも彼の言っていることの方が正論だと思われた。少なくともその方が助かる率が高い。

それにしても、もしも漁師の人がそこに居合わせていてくれなかったら、一体どうなっていただろうか。私は際限のない外海に向かって泳ぎ続けていただろうし、その先は分からない。

N君は現在彼一代で築いたS社で、百二、三十人の社員を抱えて部下に慕われる社長として敏腕を奮っているが、私たちの間では今なおこの話は語り草として、鮮明に残っている。

私とゴエモンの向こう見ずな性格は、どうしてこうも似ているのだろうか。

それぞれのいい関係

九月十二日、ゴエモンの胴回りを計ったら五十四センチだった。体重は十キロだ。わずか四ヵ月半で、ここまで成長した。

散歩を終えて家の前に「ゴエモンのベンツ」を止めたところへ、十数人の男女が通りかかった。三十代から五十代の人たちで、何かの集まりがあっての帰りのようだった。荷籠のゴエモンを目にして、先頭の五、六人が寄ってきた。

「パグちゃんねぇ。この子、いい顔してるわ。しわも深くって」

言ったのは、五十代の女性だった。

「ええっ!? まだ四ヵ月半なの!? 驚いたわ、てっきり、二、三歳かと思ったわ」

ゴエモンの年齢を聞いて、女性は目を丸くした。驚きが表情に出ている。

「うちにもパグがいるの、十歳なんだけど。ロッキーって言うの。もう口の回りは真っ白。

おじいちゃんなの」

女性は温かい笑みを口元に浮かべた。

「〇〇さんはパグちゃんが大好きだからね」

と言う男性の声が聞こえる。

女性が、ゴエモンの頭を撫でた。

「ゴエモン君、お元気でね。家《うち》のロッキーにはお留守番させてきたの。だから早く帰ってあげなくちゃ。ゴエモン君を見たら、急にロッキーを思い出しちゃったわ。急ぐわね」

十数人のグループは、動き出した。

私たちは会釈《えしゃく》をした。

女性が私たちとゴエモンに手を振り、五、六人が彼女に合わせるように振り返って、手を振った。私たちもそれに応えて、手を振った。

爽《さわ》やかな、出会いと別れであった。

ゴエモンといると、犬をきっかけにこうした見知らぬ人たちとのふれ合いが出来る。二度三度、それ以上に顔を合わせて親しく語り合うようになる人もいれば、二度とお目にかかることのない人もいる。たとえそれがただ一度の出会いであっても、互いに心和《なご》むひとときであれば胸に刻まれ、後日ふっと思い出して、再び心が温められることになる。これも、ゴエモンがとり持つ縁だと言えた。

光が丘公園に来る犬の中には、好感の持てる素晴らしい犬もいる。ドーベルマンのアンディとボクサーのウィニーもそうだ。共通点は、心に猛々《たけだけ》しさを持ちながら表にはそれを出さず、穏やかだ。戦えば強いが、人にも犬にも自分からは決して好戦的にはならない。最も大切なことを、彼らは持ち合わせていた。

私たちがゴエモンと丘の方へ行くと、ドーベルマンのアンディが来ていた。五十キロあるという、風格のある大きな犬だ。訓練所へ行っていたというだけあって、しつけがゆき届いている。五歳だと言った。

ゴエモンが「何してるの?」とばかりに、芝生に腹をつけて寝そべっているアンディのところへ行った。アンディは「休んでるだけ」という顔で、ゴエモンを見る。

「休んでるだけじゃ、つまんないよ。僕と遊ぼうよ」

四ヵ月半のゴエモンがドーベルマンの真っすぐに伸ばした前足と顎の下を潜《くぐ》って、顔をクンクンとやる。アンディは彫像のように動かない。唸りもしない。

「ねぇ、遊ぼうよ」

ゴエモンがさらにクンクンやり、アンディにふざけかかる。アンディはゴエモンを幼犬だと認めているから、決して手荒な真似《まね》はしない。それでもゴエモンがクンクンやると、最後には立ち上がって少し移動し、

「ねぇ、ゴエモン、もう勘弁してくれよ」

と言いたげな大人の顔をする。

これが大きなドーベルマン、アンディだった。大型犬の多い光が丘公園の中でも公園随一の実力者だと言われている評判の犬だが、私たちの知る限り、自分の強さを一度も誇示しようとしなかった、堂々たる犬だった。

アンディとタイプは違うが、ボクサーのウィニーも頭の良い、猛々しさと温もりを併せ持つ愛すべき犬だった。

両犬に共通して言えることは、犬の質の良さは勿論だが、飼い主のきちんとした犬への訓練、しつけによるところが大きいと言えるだろう。犬を飼う以上は誰しもがこうあって欲しいものだと、痛切に思った。

良い犬も、飼い主次第で駄犬になる。犬を良くするも悪くするも、親たる者の力が大きい。そこのところ、人間の子育てと同じである。


かつて私と妻が「狼王《おおかみおう》ロボ」の実録取材で一ヵ月間アメリカへ行った時のことだが、西部山岳地帯の六州とメキシコを走り回っての帰途、偶然にお会いしたことがきっかけで、Iさん、Tさんという二組のご夫妻に大変お世話になった。

どちらもカリフォルニア在住の日系二世の方で、Iさん家には二頭の大きなジャーマン・

シェパードと中型犬が、Tさん家にも同じく二頭のジャーマン・シェパードが飼われていたが、共にしっかりとしたしつけがなされていた。

両家とも広い果樹園を経営していることから季節労働者たちの出入りが多く、屈強な犬が必要とされるのだが、両家の犬たちは番犬として、また監視犬として、実に素晴らしい働きをしていた。主人が大切な客だと認めた人にはすごく寛大で心やさしいが、そうでない者は絶対に寄せつけない厳しさを身につけている。これこそガードドッグの基本とも言うべきものであった。

大型犬だけに、見据《みす》える目に凄味と迫力がある。私たちはすぐに仲良くなったが、彼らは判断力に富んだ理想の犬たちだと言えた。

犬はメンタルな動物であるだけに、常日頃から家族と心を一つにしていなければ、こうはいかない。

私たちが訪れたのは収穫を終えた九月の初めだったが、果樹園にはまだ沢山のプラムやネクタリンが残っていた。ワインやブランデーになるブドウも甘い。木でカリフォルニアの太陽をたっぷりと浴びている果実達は、日本で食べるそれとは、これが同じ種類の果物かと見まがうほどに味も香りも全く違う。果物好きの私達には、まさに「果物天国」だった。

お世話になったもう一方《ひとかた》は二百六十頭の馬を持っているアメリカ人の牧場主《カウボーイ》、Rさんだが、彼は七頭のボーダーコリーに似た犬を飼っていた。親犬三頭と子犬四頭である。

●うわ、うわ、うわぁ……！

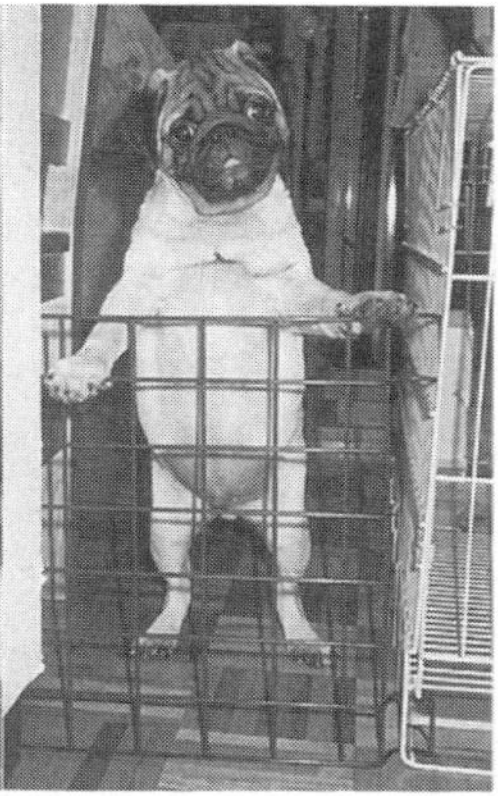

●ねえ、このサク、はずしてよ

朝牧場へ行くためにRさんと助手たちがトラックにエンジンをかけると、それまで子犬達と戯《たわむ》れていた三頭の親犬たちは、声をかけられるまでもなくパッと立ち上がり、トラックに駆け寄って、ジャンプ一閃《いっせん》で、次々と荷台に跳び乗った。

「さあこれから、仕事に行ってくる」というキリッとした表情だ。全身に働く喜びがみなぎっている。子犬たちは後追いをせず、その場から尻尾を振って、親犬たちを見送った。

親犬たちは夕方の帰宅時間まで主人と共に牧場で働くのだ。それぞれが役割を知っている、見ていて嬉しくなる光景だった。

Rさんはカウボーイであるばかりではなく、本にも写真入りで紹介されているほどの投げなわの名手だった。彼は私たちに実践的に投げなわのコツを伝授してくれたあと、別れに際して、彼愛用のロープをプレゼントしてくれた。犬たちもまた、思いっきり尻尾を振って、私たちとの別れを惜《お》しんでくれた。

犬は、人と一体感をなす家族である。そこのところをアメリカの犬たちはあらためて私たちに教えてくれた。

Iさん、Tさん、Rさんたちとはあれから十年余になるが、今なお親しくおつき合いさせていただいているし、話題の中にも、当時はいなかったゴエモンの話もよく出る。つい先日の手紙にも「ゴエモンちゃんによろしく」と書かれていた。嬉しいことである。


ゴエモンの乳歯が抜けはじめた。

初めて取れたのが九月八日の昼のことで、生後四ヵ月と十二日目であった。左上の歯である。何げなく遊んでいて何げなく抜けた、という感じだった。

バスタオルで遊んでいて、彼が嚙んでいる白いタオルに血が着いていたのを妻が見つけた。何かと調べたら、歯が取れたからだと分かった。近くに乳歯が落ちていた。

グッと嚙みしめているゴエモンの口を開けさせて抜け落ちた歯茎を見ると、下から小さな歯が生えはじめているのが分かる。可愛い歯だ。

ゴエモンも抜けたばかりの時は「何だか変な感じだよ」という顔をしていたが、数分もするといつもの元気印のゴエモンに戻って、走り回る。

五本目（右上の犬歯）が抜けたのが九月二十六日で、歯は落葉がこぼれるようにポロッと抜ける。堅いものを噛んだり歯応えのあるものをくわえて引っ張ったりすると、てき面に取れる。それを妻はビニールの小袋に入れて、月日と歯の名称、位置を図解で記入して大切に保存する。

十月二日に二本、三日に一本、十三日に一本という具合に抜けていく。

全部抜け落ちるのに、約二ヵ月間を要した。

抜けるのは歯だけではなく、堅いヒゲも抜け落ちる。何だろうと拾ってみると、太いヒゲだ。ゴエモンはヒゲをカットしていないから、落ちているヒゲも太くて長い。

「運動しているので、足にしっかりした筋肉がついてますねぇ」

家から近い動物病院のA先生がゴエモンの体に触ってみて、そう言った。先生はどちらかと言えば寡黙《かもく》だが、誠実で温厚な人柄である。ゴエモンも、注射を打たない時の先生は大好きだと言っている。先生の奥様も、涙もろく、情に厚い。御夫妻とは、公私ともに良いおつき合いをさせていただいている。有難いことである。

ゴエモンの耳の内側に薄茶色の脂《あぶら》がつく。垂れ耳の犬種に多いようだが、親からの遺伝も大きいらしい。綿棒で拭いた後、薬をつけて貰ってから、フィラリアの薬を頂いてきた。その都度取りに行くのだが、毎月月始めの一日《ついたち》の日に飲ませることにした。飲ませる日付を一《いち》の日にしておけば、忘れることはない。

フィラリアの薬は予防ではなく結果（血液内にある蚊《か》の卵を殺す役割）だから、蚊がいると見られる六月から十一月までの半年間は服用させなければならない。

体重によって服用させる量が違うので、毎月体重を測定し、先生に報告して、それに見合った分の薬を飲ませるのだ。錠剤になっているから、食事の時にチーズ等に挟み、茹《ゆ》でたささみやドッグフードに混ぜて与える。そうすると、食欲旺盛なゴエモンは全く気づかずに食事と一緒に食べてしまう。

ところがそのゴエモンも生後一ヵ年を過ぎてから、食事にはとても用心深くなり、必ず確認してから食べ始めるようになった。

薬に気づくと、食器の餌は洗ったように奇麗に食べてあるのに、薬だけはうまく餌から引き出して残してあったりする。そうなると人間とゴエモンとの知恵比べだ。そして、何とか工夫して、飲ませるのだった。


ゴエモンの成長は凄い。

九月十九日（生後四ヵ月と二十三日）で十一キロ、十月十日（五ヵ月と十三日）で十二キロになっている。

相変わらず食欲は旺盛《おうせい》で、一日に三回だ。太っているように見えないのは、大柄で、たっぷりと運動しているからである。

走るゴエモンの姿は、小型のダンプカーそのものだ。耳をピタッと後ろにつけ、体を丸めてがむしゃらに走る。左右に何があろうと、関知しない。猪突猛進《ちょとつもうしん》の走りをする。ところが歩き始めると、パグ独得の体を左右に揺するがにまたの歩の運びになる。これが可愛い。愛敬がある。擦れ違う人は大抵目を細めて微笑んでくれる。胸を張り、「そこのけそこのけお馬が通る」とばかりに体を揺すって堂々と歩くゴエモンを見て、

「わぁ、ブルドッグだぁ」

と言う子供達が実に多い。子供達のみならず大人ですら「ブルドッグ」だと言う。中にはご丁寧に、自分の子どもにゴエモンを指さしてみせて、

「ね、見てごらん、ブルドッグよ」

と教え込む念の入った母親もいる。こうした時、のこのこと近づいていって「これはパグです」と訂正すべきかどうか迷ってしまう。

大人、子供をひっくるめて、実に九割以上の人がゴエモンを「ブルドッグ」だと言うのだ。確かにブルドッグは鼻が低い。口元がだぶっとしていて耳が垂れている。おまけに、愛敬たっぷりのがにまただ。ゴエモンがブルドッグに似ているのも確かだが、間違えられる原因のその一番は、並みのパグよりも遥かに大きいゴエモンの体格にあるのかも知れない。

パグだと言い当てる人が少ないもう一つの理由は、最近増えてきたにしろ、パグがまだま

だポピュラーでないことと、それ以上に彼らがブルドッグを実際に目にしていないからだと思われる。私自身、光が丘公園では一度もブルドッグを見ていない。道行く人がゴエモンを見て想像上のブルドッグと見間違えるのは無理からぬことかも知れない。

ひと走りしてから自宅に帰り、ブラッシングした。

このところの散歩時間は、家を出てから帰宅まで、おおよそ二時間くらいになっていた。

昼に近かった。二階の書斎で仕事をしていると、階下の風呂場で「ガシャン！」という音がした。それに続いて、バシャバシャと水を跳ね上げる音がする。

ガタガタと音をたてているのは、どうやら三枚バラバラに取りはずせるようになっている合成樹脂製の軽い風呂の蓋《ふた》らしい。

私は音と同時に反射的に立ち上がっていた。

ダイニング・キッチンの方から風呂場へ急ぎ足で行く妻のスリッパの音が響く。

私も階段を駆け下りた。妻の後から風呂場へ直行する。

先に着いていた妻の笑い声が聞こえた。

「どうしたんだ？　またゴエモンのいたずらか？」

「見てごらんなさいよ、ゴエモンを」

風呂場の中が見えるように、妻が身体をずらした。覗き込んだ私も、思わず笑い出した。

浴槽の中に落ち込んだゴエモンが世にも情けない顔で鼻声をたてながら槽内の縁に手を掛けて立ち上がり、助けを求めているのだ。

前日の残り湯は少なく、立ち上がったゴエモンの胸のあたりまでしかなかったから、どう間違っても命には別状はないのだが、それでもゴエモンの驚きは天と地が引っくり返るほど悲惨なもののようであった。

笑っている私たちを見て、

「早く助け上げてくれないと、僕、溺《おぼ》れて死んじゃうかも知れない」

と騒いでいる。

浴槽の上には三枚蓋が並べてあった。どうやらゴエモンは、一段と高くなっている蓋の上に持ち前の好奇心から一気にジャンプして跳び乗ったらしい。ところが彼の意に反して浴槽の上に渡してある軽い三枚の蓋がゴエモンの十二キロの体重に横滑りし、彼を乗せたまま、蓋もろともに残り湯の中へ落下したのだ。

助け上げるよりも先に、早速ゴエモンの狼狽《ろうばい》ぶりをカメラに収めた。

いつもの悪ガキぶりが影をひそめ、真面目な慌てぶりが、よく出ている。大きくてまん丸い目が、さらに大きくまん丸になっている。

これに懲りたらしく、それ以後ゴエモンは風呂場に入っても浴槽の蓋の上に跳び乗ることはしなかったし、蓋に手を掛けることもしなくなった。一つの貴重な学習であった。

出会いと別れ

ゴエモンを見て「どんな芸をしますか」と、真面目に尋ねてくる人がいる。子供ではなく、大《だい》の大人が、である。
「おまわり」とか「チンチン」「ごろんごろん」(いも虫ゴロゴロのことらしい)が出来ますか、と真剣な顔で聞いてきたのは、一見分別のありそうな語り口調の、六十代半ばの品の良い女性だった。
「家《うち》ではそんなことは教えていませんので」と答えたが、彼女は話している言葉の端々《はしばし》に「芸」が出来ることが優秀な犬の条件だと錯覚しているふしがあった。
端的に言えば、犬に芸を教えるなんてことは、どうでも良いことである。飼い主が趣味の一つとして教えるのならそれも良いだろうが、テレビの娯楽番組でもあるまいし、芸なんてものは、犬には不要である。必要なのは人と犬が人間社会で楽しく気持良く共存していくためのマナーであり、しつけである。これさえしっかりと出来ていれば、犬も飼い主も周りの人たちも快適に暮らせるというものだ。

赤塚新町公園のベンチに腰を掛けてひと休みしていると、七十代前半と思われる男性がやってきて、「お座り」をしているゴエモンを見て、微笑した。

「お利口さん、お座りをしているね」

と、ゴエモンに語りかけ、

「こちら、よろしいですか」と、空《あ》いている隣りのベンチを指さして尋ねた。

「どうぞ」と、私は言った。

その方はベンチに腰を下ろすと、お座りをしたままで尻尾を振っているゴエモンを、にこやかに眺めた。

「どのくらいですか、このワンちゃん」

ゴエモンの年齢を聞いた。

「もうすぐ六ヵ月になるところです」

妻が答える。

「ほう、大きいですねぇ。可愛いでしょう、子供みたいに」

目を細めて、彼は言った。

「『ゴエモンちゃん』って言うんですね」

　妻がゴエモンを呼ぶ声を聞いていたらしく、彼は言った。ゴエモンを眺める目に、慈《いつく》しみが籠《こも》っている。

「お宅でも飼ってらっしゃるんですか」

「いや、今はいません。もう死にました。五、六年前になりますけど」

　男性の顔に、フッと寂しげな蔭がよぎる。それを打ち消すように微笑むと、

「犬は家族の一員として家庭を明るくしてくれます。紀州犬でしたけど賢い犬で、私たちが夫婦喧嘩《ふうふげんか》をすると犬が二人の間に入ってオロオロして、最後には妻ではなく私の方に前足をかけて『止《や》めろ止《や》めろ』と言うんですから。夫婦喧嘩は止めざるを得ません。そんなことが幾度あったことか。今でも妻と、時折その話をしています。犬は黙っていても人の心を良く知っていますからねえ」

　ゴエモンが彼を見て、また尻尾を振った。

「僕と気が合うと思うよ」と言っているようだ。私は「いい子いい子」と言って、ゴエモンの頭を撫でた。ゴエモンには「お座り」のあと「待て」をさせていたから、その場から動くことはない。

「お利口なワンちゃんだ。しっかりしつけ、なさってますね」穏やかに、彼は言った。

「いえ、それほどでも」と、私は答えた。

褒《ほ》められるほど大それたしつけをしている訳ではない。家《うち》では必要最小限のことと、他家《よそ》の人と犬に迷惑をかけないように気をつけているだけのことだ。

「犬を飼っている人の中には『しつけ』と『芸』をごっちゃにしている人がいる。お手とかおまわりが出来ればそれでいいと思っている人がいる。そんなことはどうでもいいんです。必要なのは、人と犬が共存していくためのマナーです。それを犬にしつけるには、しつける側の人間にそれだけのものを持ち合わせていて貰わなければなりませんけどね」

彼は私と全く同じ考えを、口にした。

私は頷《うなず》いた。

「犬を亡くされてからは、もうお飼いになろうとは思われなかったのですか？」

「その犬への想いが深いってこともありましたが、一つには、私たちには子供がいないってことです。養女を貰いましたが、随分前に嫁《とつ》がせました。今は家内と二人だけの生活です。犬がいてくれたらなあ、と思うこともありますが、二人共それなりの年ですからねえ。これから先、何年面倒を見てやれるか分かりません。もしも私たちが先に逝《い》くようなことにでもなれば、後に残された犬が不憫《ふびん》です。それを考えると、どうしても無理ですねえ」

男性は、ゴエモンに微笑みかけた。

「子供は親を裏切っても、犬は決して裏切ることはありませんからねぇ」

男性は少しの間休んだ後、静かに立ち上がった。ゴエモンと私たちに温かい笑顔を向ける。

「お寛《くつろ》ぎのところをお邪魔いたしました」

頭を下げ、丁重に礼を言う。私たちも立ち上がって、礼を述べた。

「犬は貰われていった先によって、運命が決まる。その点ゴエモンちゃんは、幸せですね。……幸せに暮らすんだよ、可愛がって貰ってな」ゴエモンに声をかける。

「うん、そうする」と言うように彼を見つめ、ゴエモンが声に応えて尻尾を振った。

彼はもう一度会釈をしてから、背を向けて、ゆっくりと去っていった。しんみりとした、考えさせられる言葉が胸に残った。


犬に関する小説を書いていると、犬についての相談を受けることがある。中でも多いのは、良い子犬の見方と選び方に関するものだ。

一言で言えば、良い子犬とは身心ともに健康な子犬のことを言う。

見分け方のポイントは、さほど難しいものではない。見どころさえ摑んでいれば、専門家でなくても簡単に選別出来る。一番大切なことは、相手に勧められるままに納得してしまわずに、自分の目でしっかりと確かめ、納得してから入手することである。

初めてのお見合いの席、あるいは大切な仕事の一件で人と会った時、あなたは最初に相手のどこを見ますか。中にはとんでもない答えを出してくる者もいないではないが、大抵の人なら、まず相手の目を見るはずである。目は真実を語るからである。

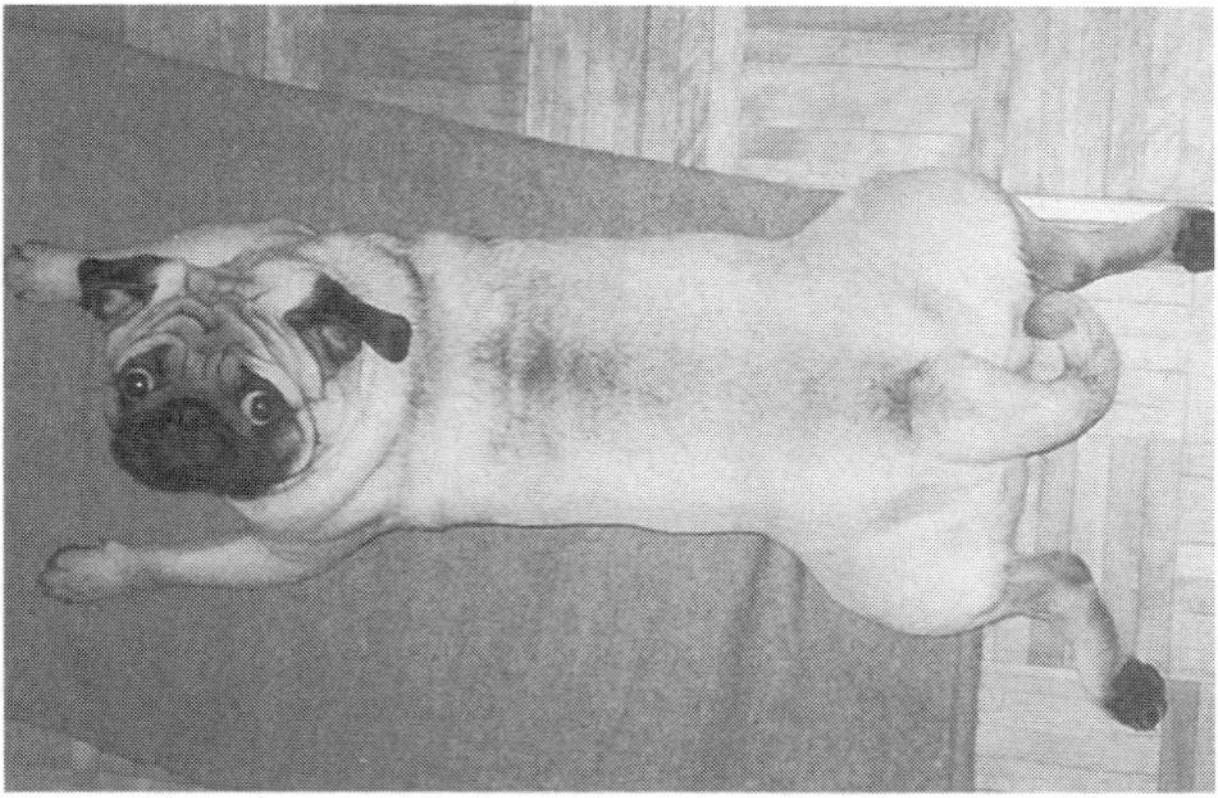

●ぼくのこと、呼んだあ？

子犬もまた然りで、目を見ればいい。目が澄んでいてキラキラと輝いていれば、健康な証拠である。逆に健康をそこなっている子犬は、目の周りがただれていたり、ショボショボしていたり、目やになどで汚れていたりする。

兄弟犬たちが数頭いたとすれば、「おいで」と呼んでみるとよい。呼びかけに応じて真っ先に駆け寄ってくる子犬なら性格も陽気で、体調も良く、合格だ。健康な子犬ほど表情が豊かで、活発に動き、好奇心も旺盛だ。

隅っこにじっと座っている子犬や、他の子犬と違った行動をする子犬、神経質な子犬、何かにつけてオドオドしているようなのは良くない。成犬になってからも、これは残る。

手で触ってみて、骨格がしっかりしていること。持ち上げて、ずしりとした肉付きの良さを感じられるものがいい。

鼻先が適度に湿りを帯びていることも大切だ。毛に艶《つや》があり、なめらかであること。これも健康の大きなバロメーターになる。体調不良の犬は毛艶がなく、指先で触れてみるとパサパサ感がある。肛門や、その周りがきれいなことも重要だ。

大《おお》まかなところ、こういったところが健康な、良い子犬選びのポイントだろう。たいして難しいことではない。最小限、これだけのことを頭に入れておいて子犬選びをするなら、あとで後悔することはない。

どんな場合でも、見てくれだけの衝動買い（飼い）は、すべきではない。


光が丘公園の丘から見通しの利く芝生の方へ下りていくと、ミニチュア・シュナウザーを連れた中年の女性、Fさんに出会った。彼女は好感の持てる方で、いつも気立ての良いシュナウザーと一緒だった。暖かい日差しなので、つい立ち話もはずんでしまう。

毛並みの良いシュナウザーだった。伺《うかが》うと、その犬は勿論のこと、両親犬ともにチャンピオン犬だという。ところが、この犬には悩みがあった。持病のテンカンである。発作が出たのは一歳半になったばかりの時で、ある日突然、死んだようにひっくり返って、泡をふいた。倒れたままで、意識がない。慌ててかかりつけの病院に運び込んで、原因が分かった。親からの遺伝のテンカンだった。症状が幼犬時に出るものもあれば、成犬になってから表面化するものもあるという。

完治は無理ということで、動物病院で、八時間ごとに飲ませて発作を止める薬を貰った。一年三百六十五日、八時間ごとに飲ませなければならない。しかも期間は一年ではなく、命ある限りの一生である。

そこでシュナウザーを購入したペットショップにテンカンの発病を告げたところ、知名度の高いこのペットショップでは二つ返事ですぐに引き取って、代わりの犬を提供すると言ったそうだ。彼女が「引き渡した犬はどうするのか」と尋ねたところ、いとも簡単に「薬殺する」という答えが返ってきたという。「薬殺」と聞いた途端に、彼女は一年半愛情をかたむけてきたこの犬を、業者に渡せなくなった。大学生の息子さんとシュナウザーはまるで兄弟のように大の仲良しで、それを聞いた息子さんも薬殺などとんでもない話だと憤《いきどお》り、たとえどんなに大変でも私たちは終生この犬に八時間ごとに薬を飲ませることに決めましたと、Fさんはそう言った。

彼女の友人にも、同じペットショップから購入したシュナウザーがいる。Fさんの場合は一年半後の発病だったが、この友人の子犬は、生後二ヵ月で発病した。

テンカン症状ではないのだが、目がさめて起きて歩き始めると、狭い区画を四角く歩く。起きている間中、小さな子犬は口の字形に歩き続ける。真っすぐに歩いたりは出来ない。一定の方向に、終日、ロボットのように、四角く淡々と歩き続ける。

いたたまれずに友人がペットショップに返したところ代替の子犬が届いたが、購入した子犬よりも質的に数段落ちる犬がきた。しかも自分の目で選べない子犬であっただけに、飼い出して九年にもなるが、その犬に対して今一つ愛情が薄いという。

犬にとっても人にとってもあってはならない悲劇を、光が丘公園で聞いてしまった。私の知人宅の犬も、股関節脱臼《こかんせつだっきゅう》である。

これらはどれも遺伝的な疾患の可能性が高く、ブランド優先の風潮と、利潤目的の量産体制が生み出した弊害だと言ってさしつかえないだろう。良識あるブリーダーによって正しく繁殖されていたら、こうした事態のほとんどは避けられたと思われる。

犬は我々と同じ命と心を持った仲間である。繁殖にたずさわる方たちは、身心ともに健康な問題のない子犬を世に送り出すことを何ものにも優先して考えて欲しい。

それにしても「薬殺」の運命を背負って生まれてこざるを得なかった子犬たちにとって、これほど残酷なことはなく、自分たちの罪ではなしに「薬殺」される時、不幸な彼らは一体何を思って死んでいくだろうか。

彼らの瞳には、人間達がどう映って見えるだろうか。それを思うと、心が痛む。


猫を飼ったことがある。子猫からではなく、最初から親猫であった。三毛だったが、極端に黒と茶の比率が多く、体全体が黒っぽい褐色《かっしょく》に見えるほどの猫であった。体も大きく、普通の猫の二倍以上はあった。しかも、動きが堂々としていた。新緑の頃であった。

猫は中学校から帰る私に、ふらりと、どこからともなく現われて、ついてきたのである。

猫は左右を杉垣にはさまれた一本道を、二メートルほどの間隔をおいて、無言で、犬のようについてきたのだ。

人通りもない道で、夕方に近かった。頭上でサワサワと鳴る木々のこずえの音さえも不気味に感じられた。

私が立ち止まると猫も立ち止まり、歩き出すと、猫も歩き出す。私が走れば、猫も走った。そんなことが一キロほども続いただろうか。はじめのうちは不気味さのあまりに背筋が寒くなったが、不思議なもので、そのうちに奇妙な親しみを覚えるようになった。

「おい」と呼ぶと、「ギャーッ」と鳴いた。家猫本来の「ニャーオ」ではない。まさに、浪曲師、初代の広沢虎造《ひろさわとらぞう》そっくりの、ノドをつぶした声で、「ギャーッ」と鳴く。野性味たっぷりの体軀と合致した凄みが出ている。

「凄《すげ》えや」と、思わず呟いた。「凄えや」以外に、表現の仕様がなかったからである。

とうとう猫は、家まで来てしまった。

その日から猫は、居候《いそうろう》になった。彼は私の布団に潜り込んで眠るようになり、すでに十年も前から住んでいるような顔をした。

彼は玄関を上がった畳の所がお気に入りで、いつもそこに寝そべった。来客は彼を目にするなり一応に「凄い猫ですなあ。こんなでかい奴は見たこともありません」と口を揃えた。

初対面であれほど私に百年の知己《ちき》のように親しみを見せた猫であるのに、私と家族以外には不愛想で、我が家を訪れる客人には、一人として愛想を振りまかないどころか、背に手を触れようものなら露骨に怒りをあらわして、相手をたまげさせる。誰かが私に手を触れても、猫は怒った。まさに私の用心棒であった。

どこからともなく現われた猫であるのに、家と庭を歩き回るくらいで、ほとんど外出することもない。飼い猫らしい様子はみじんもない彼が、なぜ初対面の私にだけ親しみを持ったのだろうか。もしかしたら、私のどこかに一脈相通ずるところを見たのだろうか。

私は時折、家から百メートルほどの近距離にある海岸（小浜《おばま》湾）へ散歩に出掛けたが、そんな時、いつもどこからともなく「ギャーッ」というドスの利いた低音が響いてきて、『ゴロスケ』と名付けたこの猫が現われて、私に同行するのである。猫は私の行くところなら、どこへでもついてきた。

半年ばかりが経《た》ったある日、猫はふいと、三日ほど姿を消した。捜したが、どこにもいない。気まぐれから家出でもしたのかと思っていると、その夜遅く、物置きのようになっている二階の方で物音がした。二階といっても、現代風の二階ではない。昔の重厚な武家造りなので一階と二階を仕切る天井がきわめて高く、使用されることのないそこは、家を構築するひと抱え以上もあるむき出しの原木が縦横に組み合わさっている。玄関から上を見ると吹き抜きの状態で、周囲を囲った向こう側は暗闇にさえ見える。物音は、闇の奥の方から聞こえてくるのである。

　私は何度か、猫の名を呼んだ。音に、動きがあった。「ギャオーッ！」と聞こえた。その声は普段の声よりも数段低く、腹からしぼり出すような異様な叫びであった。

　私は声に、身体が震えた。声を出した時、彼は手摺《てすり》の近くへ来ていた。猫はふらつく足取りで、吹き抜けの一番上から、私を見下ろした。

　夜も十一時半を過ぎていた。

「ゴロスケ、どうしたんだ!?」私が暗闇にたたずむ猫に呼びかけると、不意に猫は、闇の中の五メートルほどの高みから、私の胸に向かって垂直に、跳び下りてきた。平常なら、とても考えられない高さである。抱き止められると、猫は腕の中で、もう一度「ギャオーッ」と鳴いた。わずか数日間だというのに腰骨が張り出し、やせ細っていた。病んでいるか、何か毒物を食べたに違いないと、その瞬間に思った。

　初冬の寒々しい星が出ている中をマントにくるんだ猫を抱き、「死ぬなよ、死ぬな」と言い続けながら、かなりの道のりを歩いて獣医師のところへ連れていき、戸を叩き続けて起きて貰い、状況を話して、手当てを仰いだ。獣医師はあらゆる角度から診察したあげく、「手遅れですね」と一言呟いたあと、「でも、出来るだけのことはいたしましょう」と言って、太い注射を打った。推測によると、劇薬を飲んできたネズミを捕え、食べたらしいのだ。

その夜私は「ゴロスケ」を布団に入れて、抱いて寝た。明け方、猫が寄り添うのが分かり、良くなったようだとほっとしながら眠りについたその朝、猫は死んでいた。私の腕の付け根にぴったりと顔を寄せるようにして。

猫は私の家を荒らすネズミを駆除しようとして、その犠牲になったのではないかと思われた。ゴロスケが不憫でならなかった。

ジャーキー事件

十月二十二日、ゴエモンを初めて犬の美容室へ入れた。全身シャンプーから、ヒゲのカット、爪切りまで、セットでお願いしたのである。このペットショップは、ペット用品の販売から、美容室、ホテルまでを兼ねている。

シャンプー&トリミング、宿泊の場合には、犬の送迎もしてくれる。扱いも丁寧《ていねい》でやさしい。それだけに人気のある店だった。

ゴエモンの迎えには、店長自身が来てくれた。四十代半ば過ぎの、がっちりとした男性だ。手にしたカルテにゴエモンの特徴を書き込み、家《うち》からの注意やお願い事項などをメモしている。ゴエモンは耳の内側に脂状のものが付きやすいということで獣医さんにかかっていたから、耳だけは手を触れないで欲しいとお願いした。

ゴエモンは店長を見て、目を丸くした。こともあろうに自分を見て、笑顔で「おいで、おいで」をしていたからだ。

驚いて、ゴエモンは尻込《しりご》みした。

「この人、犬盗りじゃないのか」という顔をして、私を見た。

他人を見て尻込みをするゴエモンを見たのは、これが初めてだった。

「私の身体にいろんな犬の臭いがしみついているので、驚いたんでしょうね」

店長は笑いながら、そう言った。

「こんなケースはよくあるんです。でも、大丈夫ですよ」

私が抱き上げて渡すと、ゴエモンは店長の胸から顔をねじ曲げて身もだえし、私たちの方を見つめた。おでこのしわをさらに深くして、

「僕をどこへやるの!? いきたくないよ！ 絶対にいきたくないからね！」

と、鼻を鳴らして突っ張る。

店長は「いい子、いい子」と言いながら、ゴエモンをライトバンの助手席に乗せた。連れていく際ケージに入れない理由を尋ねると、

「この方が犬は落ち着くんです。箱に入れると、逆に不安がつのりますから」と言った。

ゴエモンは立ち上がって窓硝子《まどガラス》に手を掛け、鼻を鳴らし、

「どうして連れ戻してくれないの？」と訴え続ける。おでこのしわを増々深くして、

「僕のこと、もういらなくなったの？」

という深刻な顔だ。

「大丈夫よ、ゴエモン。きれいきれいしたら、すぐに帰ってこられるからね」

そう言って、妻が納得させた。

店長の車はゴエモンを乗せて去っていった。

数時間後にゴエモンを担当した女性から電話があり、少しして、

「ゴエモンちゃんはいい子でしたよ」

と、連れてきてくれた。

磨《みが》き上げられたゴエモンの顔は、出掛けていった時とは、まるで別犬であった。

「人が変わったみたい」という言葉があるが、まさにそれで、顔中のヒゲ状のものを全部刈り取られたゴエモンの顔は、剝身《むきみ》の卵みたいに、つるつるだった。おまけに良い香りがしていた。

担当してくれた女性はやさしい人で、ゴエモンもなついている。

ゴエモンは初めてのこととあって気疲れしたらしく、彼女が帰ると、ダイニング・キッチンをひと調べしたあと、すぐさま愛用のバスタオルをくわえて、いびきをかいて眠ってしまった。

ゴエモンを美容室に送り込んでおいてこう言うのもなんだが、私自身は理容室といった

類《たぐい》が好きではない。病院の次に嫌いなのが散髪だ。

学生時代、同居していたTさんは「金と暇があれば毎日でも散髪に行きたい」と言うほどの床屋好きだったが、私には信じられないことである。

嫌いな理由は幾つかある。それなりの時間を椅子に固定されてじっとしていなければならないのが嫌だし、カットした後の小さな髪の切れっ端が一つでも二つでも首筋に残るのが嫌だ。カミソリの刃が、顔や喉、首筋を這いずり回る感触が、これまた嫌いだ。

一概に理容師といっても腕の方はピンキリで、下手《へた》なのに当たった時など、二、三日は気分が悪い。いや、それ以上だ。

店主の人柄の良さと腕の確かさを見込んで長年一つの店を決めていたが、二度ばかり、それも続けざまにマナーにも技術にも乏しい若手女性理容師に顔を当たられたことから、この店をやめにした。

その後腕も人柄も良い理容師のいる店へ行っていたが、生来床屋さん嫌いときているところから、結局はやめにし、今ではああだこうだと言いながら、簡単に、家で妻にカットして貰っている。これが一番楽でいい。

飼い主が散髪嫌いなのにゴエモンに美容院をすすめるのもどうかと思い、ゴエモンの美容院行きは、一回きりでやめにした。

ゴエモン自身も「自然のままの顔が一番」だと言っているし、私から見ても、ゴエモンは

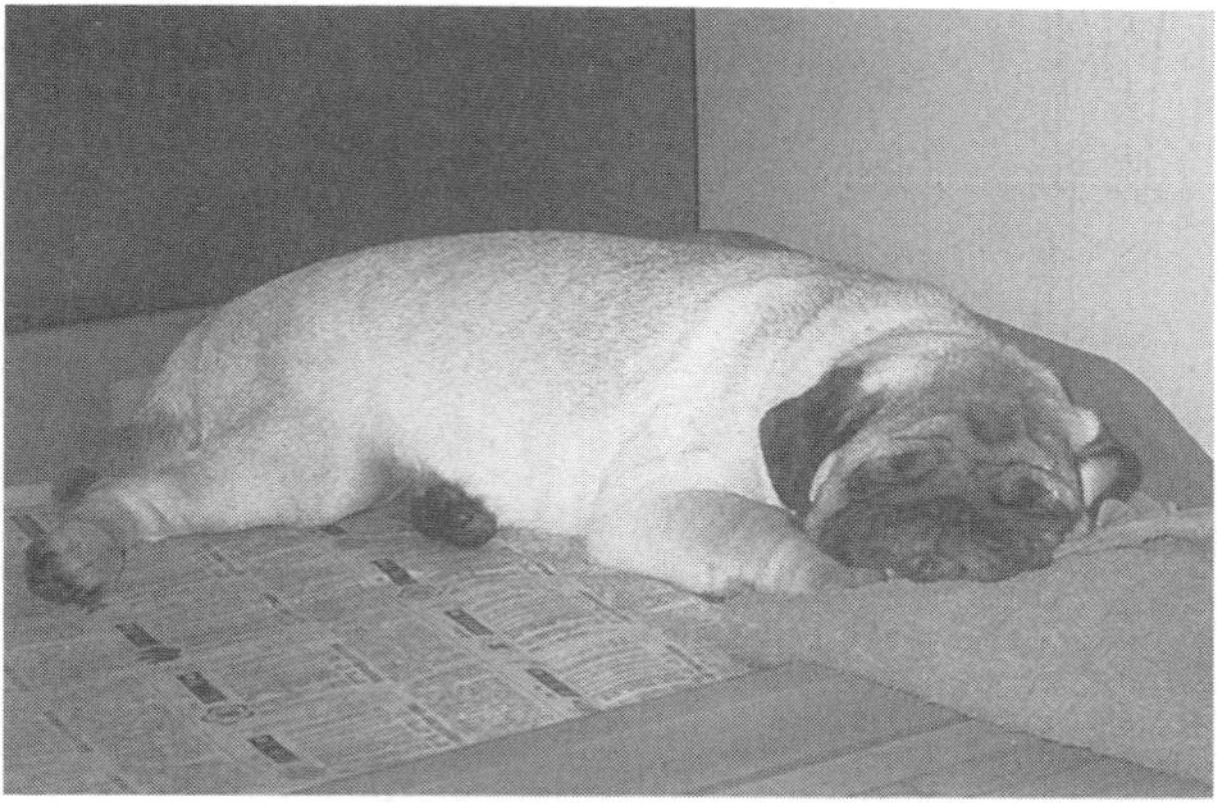

●大好きなトレイで見るのは、どんな夢?

ヒゲのある顔の方がメリハリがあって愛敬がある。こればかりは好きずきだろうが、山にしろ庭にしろ、本当の美しさは自然のままにあるのではあるまいか。

ゴエモンは短気な上に頑固である。それも並みの頑固ではない。叱って屈服するなんてことは有り得ないし、手を上げれば「何をするんだ！」とばかりに一層激しく歯向かってくる。決して参ったとは言わない。力での服従は、不可能な子犬だった。だからゴエモンの場合は、対話が九十五パーセントである。

目を見つめて、じっくりと言って聞かせる。すると実に良く理解するし、理解しようと努力する。

褒め言葉と対話が、ゴエモンには一番効果があった。あとの五パーセントは、叩くのではなく、やってはいけないことをした場合、押さえ込んで話し、分からせるという方法をとった。これも効果がある。

前にも少し触れたが、彼にお留守番を頼んで出掛ける時には、黙って出掛けることはしない。必ず彼に理由を話してから出掛ける。そうしないと、ドアに体をぶつけたりして納得しないからだった。

「ゴエモン、お出掛けするからね。お留守番頼むね。お留守番」

『お留守番』の声を聞くと、今まで大喜びで振っていた尻尾が、瞬間的にピタッと止まる。目から光が消え、敷いてある毛布の上に腰を落とし、やがて前足の上に顎を乗せて丸くうずくまってしまう。目だけは私たちの様子を追っているが、それは諦めの目である。帰ってくるまで三時間でも四時間でも、それ以上でも、ゴエモンはそのまま大人《おとな》しく、じっとしているのだ。一旦納得してからの聞き分けはたいしたものだった。

一緒に散歩に行く時には、

「ちょっとおいで」と声をかける。

ゴエモンが急ぎ足でやってくる。

「ゴエモン、お座りだ」

ゴエモンがピタッと座る。何を言い出すのかと首をかしげながら、期待感に大きな目がキラキラと輝くのが見てとれる。

「さ、ゴエモン、今日はいつもより少し早いけど、お散歩に行くか」

その途端、ゴエモンが跳ね上がる。ジャンプする。分かった、というしるしだった。

「お散歩」の声を聞くと同時に、水を飲みはじめる。飲みたいからというのではなく、「水」

を「お腹にたくわえるため」といったガブ飲みである。外へ出た際のマーキングのためであった。

　ゴエモンは私の風呂上がりの匂いが好きらしく、どんなにぐっすりと眠っていても風呂場のドアを開ける音を聞くとパッと立ち上がり、脱衣場の戸が開くや否やドアの傍で待ち、「待ってたよ」とばかりに飛びついてくる。

　うるさい以上のはしゃぎ方だ。

　妻の場合だと、これが少し違う。

「やあ、上がったの？」

　出てくるのではなく、寝ころんだままで、テーブルの横で尻尾を振る。サラッとしたものだった。

　ところが朝はこの逆だった。私が階段を下りていくと、

「やあ、起きたのかい」

　一応の挨拶をして寄越《よこ》すが、妻には一ト月ぶりの再会だとばかりのはしゃぎ方をする。

ゴエモンが何を基準に分けているのか知らないが、これは一歳半になるまで変わることはなかった。ゴエモンだけが知っている、ささやかな謎である。

ハウスには十月八日から毛布を入れた。ゴエモンはこの毛布が気に入っていて、横になる時には必ずハウスから引っ張り出してきて、上に寝る。

私たちは常に同じ毛布の替えを用意していた。バスタオルでも同じである。こうすると洗い替えの時、毛布がないことでゴエモンに寂しい思いをさせずにすんだからである。

十月二十三日、ゴエモン、五ヵ月と二十七日になった。朝の計量で十二・五キロである。夕方光が丘公園へ行くと、仲の良い雌パグのキュピちゃんがいた。早速遊びはじめる。ゴエモンはどんな犬に対しても相手が敵意を見せない限り怒ることはなかったし、自分より非力だと思われる犬や、多少柄が大きくても幼犬にはやさしかった。とりわけ幼い犬に対しては「君は子供だからね」という顔で接し、跳びつかれても肩に両前足を掛けられても柔和な顔で「いいよ、いいよ」と尻尾を振ってあげている。

ここしばらく光が丘公園へは行っていないので最近の様子は分からないが、当時は周りの状況を確認した上で、マナーを守っての犬のフリータイムみたいなものがあった。だから周りの犬たちを見回して、ゴエモンを放すかどうかを決めるのだ。相手方に敵意がない限り、ゴエモンを放しても大丈夫だった。

二頭が遊んでいるところへ、マルチーズが来た。ゴエモンに挨拶にくる。大介と言った。ゴエモンも尻尾を振って受け入れ、「一緒に遊ぼう」と歓迎してやっている。

そこへハスキー犬の若犬（一歳十ヵ月）が来た。ハスキーだけに、ゴエモンよりもずっと大きい。

万が一を考えて、ゴエモンにリードをつけた。ハスキーにもリードがついている。

初対面であった。サブリナと言った。お互いに鼻面を寄せ合ってクンクンやっている。唸りもしなければ不快感をあらわしてもいないが、雄同士でもあり、微妙な緊迫感がない訳ではない。

ゴエモンは丸い十二・五キロの体をグイとひと揺すりして、戻ってきた。腰の上にギリッと巻き上げた尻尾は、「僕はこのグループの責任者なんだ」という表情をしている。

ハスキーも飼い主のリードの先で大人しくゴエモンを見つめている。両犬共に険悪な様子は全くない。ひとまずは、ほっとした。

「さ、みんなに一つずつ、これをあげようね」

マルチーズの飼い主の奥さんだった。彼女は手持ちの袋からビーフ・ジャーキーを取り出すと、一本ずつ、それぞれの犬にくれた。

キユピちゃんも大介もサブリナも、喜んで食べた。大きな体のハスキーのサブリナは、貰うと同時に飲み込んでしまった。

ゴエモンはビーフ・ジャーキーを食べたことがない。家《うち》では与えていなかったし、ゴエモンは初めての食べものには用心深い。しばらく嗅いで、大丈夫だと確信が持ててからでないと口をつけない。

ゴエモンは貰ったビーフ・ジャーキーを珍しそうにクンクンやっていた。興味はあるが、口をつけるまでにはいかない。

家ではゴエモンにはおやつとしてドライのササミと煮干《にぼし》しか与えていなかったので、私はビーフ・ジャーキーをゴエモンの鼻先からつまみ上げて、ゴエモンの隣りに座っているハスキーにプレゼントした。

ハスキーは嬉しそうに一口で飲み込んだ。ゴエモンが貰ったものを独断で私がハスキーにあげてしまったのである。

ゴエモンは私の手元を見ていた。ビーフ・ジャーキーの行き先を見ていた。ハスキーがジャーキーをくわえて飲み込んだ瞬間、それまで静かにしていたゴエモンが凄まじい唸り声を上げて背毛を立て、自分の数倍もあるハスキーに飛びかかったのである。

「僕が貰ったジャーキーを何で君が食べるんだ！」という、はっきりとしたゴエモンの意思表示だった。

ハスキーはゴエモンの気迫に圧《お》されて、後退《あとじさ》った。幸いにもハスキーにぶつかる寸前でリードを押さえてことなきを得たが、明らかにゴエモンの気持を考えなかった私のミスだった。

ゴエモンは私を無視してハスキーを睨《にら》み、唸り続ける。それぞれの犬の飼い主たちは、一部始終を見ていた。私はハスキーに詫び、ゴエモンをなだめた。

「ゴエモンちゃん、悪かったわね。お詫びのしるしに、これをね」

マルチーズの奥さんはもう一本ビーフ・ジャーキーを取り出すとゴエモンに渡したが、ゴエモンはそれに見向きもしなかった。

代わりに私が受け取って、

「ゴエモン、悪かった。これでいいだろ」

と鼻先に持っていったが、ゴエモンはそっぽを向く。ゴエモンはビーフ・ジャーキーを見ようともしなかった。無理に近づけると首をねじ曲げてそっぽを向き、二度とジャーキーの方を見ようともしない。

私は奥さんに礼を言ってティッシュに包み、ポケットにしまった。私もゴエモンが貰ったジャーキーを二度とハスキーにやるような馬鹿な真似はしなかった。私はゴエモンの心をひどく傷つけてしまったのだ。

「ゴエモン、かんにんな」

ハスキーの飼い主もゴエモンに詫びてくれた。

ゴエモンはグッと口を引き結んだまま、誰もいない方向を見つめていた。

ゴエモンが立木に初めて片足を上げておしっこをした。幼犬がする腰を落としたしゃがみ込みではなく、男の子らしく片足を高々と上げてのおしっこは、初めてである。

上げたのは左足で、まだ支えている残りの三本足が十分に安定していない。その上左足を黄金時代の横綱千代《ちよ》の富士《ふじ》のように奇麗に高々と上げるものだから、支え足がどうしても不安定に揺れてしまう。それでも私たちを見る目には、

「どうだ、うまいだろ、格好いいだろ」

といった誇らしげなものが見てとれる。そんな時、

「格好いいな、ゴエモン。男だな」

と褒めてやる。ゴエモンは得意満面で、

「だろ。おしっこだって遠くへ飛ぶんだよ」

と、飛ばしてみせる。

大きく放物線を描いて飛ぶが、まだ飛ばすのに慣れていないから落下点はまちまちで、狙《ねら》ったところへいっている様子はない。それでも十分に満足しているらしく、

「うまくいった」とばかりに、自信たっぷりの顔で戻ってくる。

光が丘公園のアスレチック遊具があるところには、人気《ひとけ》のない時には、鳩《はと》やカラスが遊んでいる。それを追って、ゴエモンが走る。右に左に全速力で走る。

とうとうへとへとになって戻ってくる。

「あいつら、きたないんだ。捕《つか》まりそうになると、走らずに飛ぶんだからな」

とゴエモンは言う。そのくせしばらくすると、また彼らを追って走りはじめるのだった。

その日以後、ゴエモンは外でのおしっこの時は必ず左足を高々と上げてするようになったが、家の中では決して後足を上げることはない。周りを汚さないようにと気づかっているらしく、幼犬の時のように屈《かが》み込《こ》んでする。この有難い排尿《はいにょう》の習慣は、ずっと後々までも同じだった。

危険がいっぱい

「小説を書く」という仕事をしていると、床につくのはつい遅くなる。午前一時や二時はしょっちゅうだ。一階と二階を往復する回数も増える。そうすると、ゴエモンも律義につき合ってくれようとする。

ダイニング・キッチンへ降りていくと、トレイで眠っていても必ず顔を上げて私を見つめ、眠さたっぷりの赤い目で尻尾を振ってくれる。

「遅くまで頑張ってるんだね」という表情だ。

私が起きている限りつき合わなければならないと思い込んでいるところがある。

パグの目は運動をしすぎて疲れた時とか凄く眠い時には、白目の部分がてき面に赤くなる。赤い染まり具合で、どのくらい疲れているか眠いのか分かるのだ。オーバーワークな一日であった時など、はっきりとそれが出る。

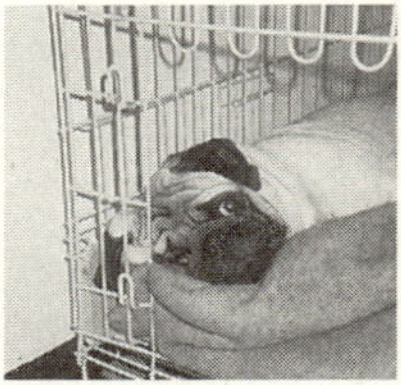

この夜のゴエモンがそれだった。眠いのを我慢しているのが、如実《にょじつ》に出ている。

ゴエモンが私に、横座りのままで尻尾を振っている。

「ゴエモン、眠いな」

ゴエモンの丸い頭を撫でてやった。

「眠いよ」

真っ赤な目をして、ゴエモンがまた尻尾でトレイの下をパタパタと叩いた。

「ゴエモン、先に休んでいいよ、さ、ねんね」

言った途端にゴエモンは立ち上がり、トコトコ歩いてトレイに近い自分のハウスに入って、毛布の上に寝そべった。

すぐにゴエモンの寝息が聞こえた。傍で私たちがどんなに物音をたてても微動だにしない。

時間の許す限りゴエモンと一緒にいて話しかけている結果だろうが、ゴエモンはかなり言葉を理解するようになっている。

不思議な現象もあった。ゴエモンが散歩にいきたがっているのが分かると、こちらも都合《つごう》があるので、

「三十分待て。そうしたら散歩に行こう」

と言って聞かせる。するとゴエモンは、ピタッと静かになる。そして三十分ぴったりに階段の下に来て「お座り」をし、「ね、三十分経ったよ」とばかりに鼻を鳴らして、二階にい

る私に催促をするのだ。

「三十分」という時間の単位と、その時間を正確に把握する能力がどこからきたのか、私たちは度々《たびたび》驚かされている。


ゴエモンは「お母さんっ子」だった。光が丘公園での散歩の途中で妻がお手洗いなどに行って居なくなると、ゴエモンは妻の行った先を見つめてその場から動かなくなる。

「ゴエモン、行くぞ」と先を促しても、

「僕はお母さんが出てくるまで、絶対にここを動かないからね」

とばかりに地面に尻を着けて四肢を踏ん張り、どんなに引っ張ってもガンとして聞き入れようとしない。あげくの果ては上目づかいに私を見て、

「何ならひとりで行っていいよ。僕はここで待ってるから」

と言うのだ。

そんな時、私とゴエモンとの間には人間と犬との垣根は無くなっていて、自分とゴエモンが対等の戦いをしていることに気がつく。

ゴエモンは頑固で言い出したらきかないから「動かない！」といったら、石のように動かない。てこでも動かないゴエモンを前にして、

「ゴエモン、お前は可愛くない」と言ってやる。

「ヘン！」といった顔で、ゴエモンが私の口元を見つめている。そこへ妻が戻ってくる。ゴエモンの顔がパッと輝くのが分かる。すっ飛んで行って、

「僕、待ってたんだよ。連れていかれかけたけど、行かなかったよ！」

と報告しているのが、尻尾の振り方で分かる。

妻と再会すると、ゴエモンの様子が一変する。リードを引っ張って先に立ち、

「さ、行こうか」という調子だ。

「可愛くないの！」

私はどちらへともなく、もう一度言ってやる。

「ゴエモンと対等で戦ってたのね」

「そうだよ。まさに五分」

私の言葉に、妻が笑う。

このゴエモンがさらに一ヵ月も経つと、変わってきた。今までは公園などで妻がその場を離れるとてこでも動かなかったのが、少し動くようになった。少しというのは四、五十メートルだが、私と一緒に先へ進む。そして後から妻が来ていないかどうか、振り返って確かめるのだ。後から来ているようだと自分は先に立つが、もしも来ていないと後退りをする。その近辺を動き回るが、それ以上には離れないし、先へも進まない。

妻が出てくると、満足そうな表情をする。私たち二人の顔を見て尻尾を振り、

「僕たち、いつも三人一緒だもんね」

確認してから歩き出すのだ。

妻の代わりに私の姿が見えない場合でも「やはり、そうしている」と、妻は証言した。

ゴエモンに「家族」というものの自覚が出てきた証拠だと思われる。ただしこれは三人が一緒に外出した場合のことで、私一人が散歩に連れ出した時には始めから妻がいないと分かっているので、それはない。

とにかく毎日が凄い運動量である。前にも書いたが、あるパグの本には「パグという犬種は運動量は多くない。二十分ほど歩くだけで十分」と書いてあったが、ゴエモンに限っていえば、これは全く当てはまらない。

走ることが大好きで、三十分フルに走りづめでも参ったということはない。

寒暖によって差はあるが、大体においてプロボクサーのロードワークのような走りで、ついている私たちの方がダウンしてしまう。

自転車の前籠に乗せて光が丘公園まで行くこともあるが、ゴエモンともども駆け足で行く時など、

「少し休みながら行こうよ」と言うのは、ゴエモンではなくて、私の方だ。そんな時ゴエモンはリードの先からチラリと振り返って、

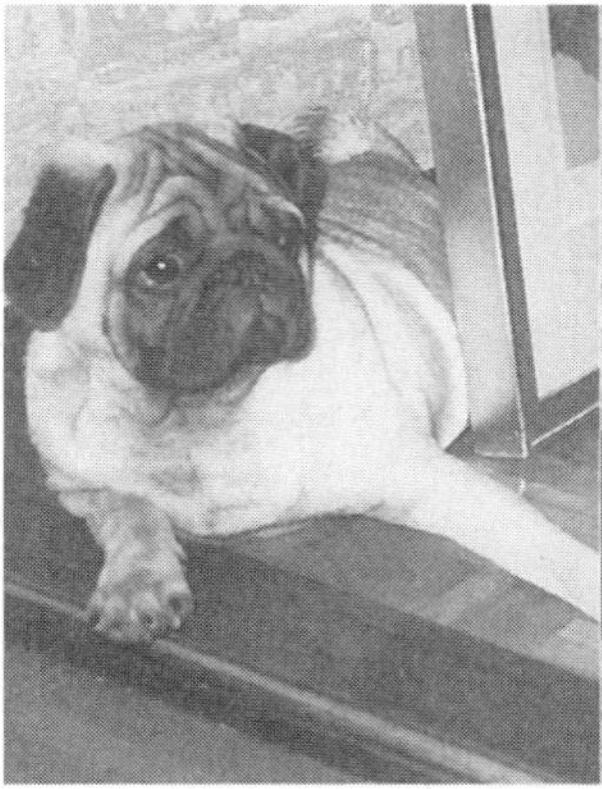

●考えること、多くて

●ボール遊びも得意だよ

「また休むのか？」という顔をする。

公園に着いたら、ボール投げだ。これなら私たちは疲れない。投げて、くわえて戻ってくると、またすぐ遠くへ投げてやる。繰り返す。これではさすがの鉄人ゴエモンも疲れる。少し休もうか、という顔をする。私はにんまりとして、

「ゴエモン、どうした？　もう疲れたのか。だらしないぞ。若いんだろ」と言ってやるのだ。

するとゴエモンはにっこりと尻尾を振って、

「五分も休めば疲れはとれる。僕のエネルギーは無尽蔵なんだ」

そう言うのだった。

スタミナの衰えは、年齢と共にやってくる。高校時代には、練習もせずに十キロ走って

もどうってことはなかったし、小、中学生の頃は、地元の若狭湾で五、六キロ離れた島まで泳いで渡り、島めぐりをやっても平気だった。ほとんど疲れなかったし、疲れても少しの休息で恢復《かいふく》した。

一日に二、三時間も空手の稽古をしていた二十代のはじめの頃は、腰を切るだけで三十センチ前に立つ相手の顎を蹴ることが出来たものだが、今ではそれも遠い夢になっている。蹴ろうにも腰は切れないし、無駄な肉が邪魔をして、うんざりするほど動きが悪い。水泳のマスターズにも出ているが、ひと掻きの進み方が短く、伸びがない。五十メートルとか百メートルの競泳に出るが、力泳すれば、スタミナ不足で泳ぎ終った後、顎を出す。諸事多忙で鍛《きた》えなおす時間がないからさ、と衰えを認めたくなくて突っ張っているが、やはり年齢の加算は、誰しもいかんともしがたいものなのだろう。

衰えてくると天下無敵の百獣の王ライオンですらも、ハイエナに殺《や》られる。それが年齢というものだ。

私を見上げてゴエモンが、

「そろそろボール投げしようか」という顔をしている。

もうすっかり疲れはとれているのだ。

「若さはいいなあ」

ゴエモンの顔を見て、私はそう思った。

人は一歳ずつ年齢を重ねていくが、犬は一挙に四歳半も年をとる。それだけに犬の歳月は貴重なのだ。そのうちゴエモンも、私の年齢を追い越していくに違いない。

ゴエモン、若い季節はほんのひとときだ。若さがあふれている今を大切にするんだよ。

私はいろんな思い出の詰まった自分自身の過日を思い出して、思わずゴエモンにそう声をかけてやっていた。

数日後の十月二十七日。

光が丘公園へ行くと、幼稚園の団体が来ていた。

彼らのいるところから七、八十メートル離れた丘に、四頭のシーズー犬と、それぞれの犬の飼い主が寛いでいた。

この犬達と団体との中間地点に、二、三人の園児がいた。どこにでもいるはみ出し園児である。犬に最も近い子はシーズーたちから二十メートルほどしか離れていない。

シーズーの中の一番大きな犬が目を据えてその子をじっと見ていた。ゴエモンを遊びの仲間に入れようとしなかった、あの意地の悪い犬である。

一般的に犬は非力な相手と見定めた場合に追いかける習性があるから、シーズーの目の動きと園児との相関関係から、そこに危険なものを感じることが出来た。

傍を通りかかった私は、飼い主の女性に、

「犬をおさえておいた方がいいですよ、追いかけるかも知れない」と忠告した。

「大丈夫ですよ。うちのは絶対に人さまにご迷惑かけたりなんかしませんから」

四十代後半と思われる女性が私の言葉に反発するかのように自信たっぷりに言い切った矢先に、そのシーズーが園児めがけて走り出した。

犬が向かってくるのに気がついて、園児が逃げる。途中から、火のついたような泣き声と悲鳴に変わった。嚙みついたからではなく、追われる者の怯《おび》えだった。

シーズーの飼い主は、ただ茫然と見守っている。園児は犬に追われて団体の群れの方へ叫びながら走る。犬は恐怖にかられて逃げる相手を追いかけるのが面白いのだ。

ワンワン吠えながら、追いかけまわす。

園児がグループの塊に近くなったところで、ようやく引率の先生と思われる女性が出て来て、園児の肩に手を置いた。幼児は恐怖のあまりまだ泣き叫んでいるが、先生は間近で執拗《しつよう》に吠えたてている犬を、追い払おうともしない。

「出来が悪いな、あの先生」

思わず私は呟いていた。園と彼女への失望と、半ば怒りだった。自分の受け持ちの子があれほどギャーギャー泣きわめき、転びながら犬に追われて逃げてくるのに、気がつかなかったというのか。それとも迂闊《うかつ》にも見過ごしていたというのか。まさか、である。

私がこの時思ったのは、自分の受け持ちの園児すら管理出来ず、しかも守りきれないこんな先生のいる幼稚園に子供はまかせられない、ということだった。これでは幼児を預かる先生としての資格はない。

園児が仲間達の輪の中に入ると、シーズーは「ああ、面白かった」とばかりに尻尾を立て、意気揚々とした顔でトコトコと戻りはじめた。戒《いまし》められない限り、この犬は今後間違いなく、同じことを繰り返すはずである。

結局、シーズーの飼い主が園児に詫びることもなかった。

犬が戻ると、飼い主たちは何ごともなかったかのように談笑を続けた。

もしもこの犬が小型犬ではなく中型や大型犬だったら、そして万が一にも嚙みついていたとしたらどうなったか。

他人に迷惑をかけないことが、飼い主としての原則である。犬の責任は全て飼い主の責任であることを十分に認識して欲しい。

この日のことが影を落として、幼児はこの先ずっと、犬を見る度に恐怖にかられるかも知れない。心ない飼い主のせいで一人の子供の犬を見る目が変わるとしたら、子供にとっても犬にとってもきわめて遺憾《いかん》なことであり、不幸なことである。

人間にとって絶対があり得ないように、犬にとっても絶対などはあり得ない。「絶対」とは、「うちの犬に限って」という言葉同様に信頼のならない危険な言葉だと覚えておいて欲しい。「うちの犬に限って」といった犬に嚙まれたり、愛犬を殺された例は、ちまたには非常に多いのだ。

子供には二種類のタイプがある。真から犬を可愛いと思っている子と、みせかけだけの子だ。全ての子供が素直で心やさしいとは限らない。それは外見では分からないから、一見親しげに近づいてきた場合でも、しっかりと見極める必要がある。

相手の子がにこにこしているからといって決して安全ではないということを、ゴエモンが四ヵ月くらいの時に教えられた。

光が丘公園へ行った時のことだが、その二人は三年生と四年生くらいの小学生の女の子だった。「わぁ、可愛い!」と言いながら走り寄ってきた。そして撫でるのかと思っていたら、不意に、立ったままで後手に隠し持っていた四、五十センチほどの木の棒でゴエモンの顔を突いたのだ。年長の方の子だった。驚いたのは、尻尾を振って歓迎していたゴエモンよりも、私の方だった。

「何をするんだ、子犬は何もしてないだろ。棒を捨てなさい!」

少し声が厳しくなった。おでこに棒が当たってびっくりしたゴエモンが、尻尾を振るのをやめて、女の子を見つめている。

女の子は握りしめた棒を捨てなかった。キッとした顔で私を見ると、

「おじさんが怒ってるみたい。さ、行こ」

年下の女の子を促して、足早に歩き去った。

この女の子がどんな家庭環境に生まれ育ったのか知らないが、私はこの子に外見からでは分からない異常な性格を見せられた、と思った。にこやかに近づいてきてパッと棒を突き出し、叱られると、幼さからはほど遠い、まさに鬼面の表情と声に豹変《ひょうへん》した。

パグの顔は握《にぎ》り拳《こぶし》のようで、普通の犬よりも目が大きく、前に出ている。女の子の突き出した棒の先があと少しずれていたら、目に当たっていた。刺さっていたかも知れない。それを思うと、今さらながらにゾッとする。
二、三歳の幼児もまた、子犬にとっては危険な存在である。邪気の有無にかかわらず、行為そのものに危険を及ぼす場合が多い。
初対面の子だが、ゴエモンと仲良く遊んでいるうちに、突然に目に人差し指を突き出してきたことがある。紙一重で難を逃れたが、非常に危なかった。それからは幼児に対しては必要以上に気をつけるようになった。

かつて足に怪我をしている愛犬を自転車の前籠に乗せていた年輩の男性が、自分の犬を示して、

「犬にとって子供が一番危険な存在ですよ。犬が可愛かったら、子供には決して近づけないことです」

と言ってくれたことがある。

確かにその通りだと、あらためて彼の言葉を思い出した。自分の子に対しては気配りをする親でも、こうした場合、今ふうというのか、我が子を戒める親はきわめて少ない。親が気配りをしない以上、犬は飼い主が守ってやらなくてはならない。そうでなければ、犬は救われない。

犬を飼っている人なら一度や二度は経験していることと思うが、動物を可愛がる子供ばかりではないことを、飼い主は十分に知っておく必要がある。それを知っているから、子供が近づくのを「嫌がる、避けたがる」犬が多いのも確かである。飼い主になる以上、物言わぬ犬の気持を察してあげて欲しい。

幸いにしてゴエモンは、その後は嫌な出来事にぶつかることもなく、沢山の心やさしい子供たちと接する機会に恵まれている。

慈愛の目

本格的な冬には間《ま》があるが、十一月に入っての夜ともなれば、いささか寒くなる。毛布だけでは気の毒なので、大型犬用となっているペットヒーター（カーペット）を購入して、ハウスに敷いた。十一月に入って、四日目だった。

新顔のペットヒーターを見て、はじめは「何だ？　これ」という顔をしていたゴエモンだが、暖かさが分かると、「気に入ったよ」とばかりに、横に毛布を持ち込んで眠るようになった。

毛布とゴエモンは大の親友で、眠る時にはくわえて持ち込み、朝になるとくわえて出てくる。毛布とゴエモンは常に一心同体だった。

私たちが手を触れると、ゴエモンは毛布を両手で抱え込み、体重を乗せて、「駄目だよ、さわっちゃ。これは僕の大切な毛布だからね」と、頑強に拒否するのだった。

私たちは朝、仏前に手を合わせる習慣になっているが、私たちが仏間に入ると、どんな時でも必ず一緒に入ってくる。ローソクに火をともすと、ゴエモンは素早く部屋を出る。

彼の行動は読めているのだが、ゴエモンはお気に入りの毛布を取りにダイニング・キッチンまで引き返すのだ。仏間に持ち込まれては困るので、戸を閉めると、

「何で閉めるのさ」という顔で、毛布をくわえて戸の外に座っている。

毛布とゴエモンは日向《ひなた》ぼっこをする時でも一緒だし、いねむりの時でも一緒だ。ゴエモン在る所に毛布あり、だった。

初冬の頃は平面的な床暖房のペットヒーターで十分だったが、これだけでは、夜間に冷え込みのくる冬は過ごせない。そこで本格的な冬がくる前に、ゴエモンの眠るダイニング・キッチンにオイルヒーターを置いた。これなら部屋全体を春の陽気で暖められるし、夜間の温度調節や安全性も完璧だ。

寝姿をそっと覗くと、ペットヒーターでは体を丸くしていたのに、オイルヒーターではドーンと足を投げ出して、大の字になって、いびきをかいて眠っていた。

十一月十六日。生後六ヵ月と二十一日。今日から三食の食事を朝夕の二回に切り替えた。

「二回じゃ足りないよ。このお腹、ぺしゃんこになったら可哀そうだろ」とゴエモンは言ったが、彼の体のためだと言い聞かせて、二回にした。さすがにお腹が空《す》くらしく、夕方の食

事の前には、「まだかい？」と、妻の足元に催促にくる。

食べさせたいのを制限するのはされる方よりも辛いものだとゴエモンに言ったら、「するよりもされる方がずっと辛い」と、ゴエモンの目はそう言った。

「格好いいパグになりたいだろ。それには我慢が大事なんだ。分かるだろ」

そう言い聞かせてやるのだが、ゴエモンは「多少の太めは構わない。痩せてるパグより見やすいよ」

そんな顔をするのだった。

逞しさと共にゴエモンの首が太くなり、従来の首輪ではきつくなったので、新たに大きめのものを購入した。

食事では、鶏のササミ（柔らかい胸肉）を茹《ゆ》でて与えたところ、牛やブタ肉よりも喜んでガツガツと食べる。まるで食べ口が違う。どうやらゴエモンには鶏肉の方があっているということで、十一月二十六日からは、食事はドッグフードとササミ中心に切り替えた。

食事制限はしているが、ゴエモンの体がまたひと回り大きくなった。力も強い。全身にパワーを感じる。小型犬用のリード二本では切れてしまいそうな気がする。万が一切れでもして車の前へでも飛び出されたら大変なので、力のある中型犬用の革の胴輪と太いリードを用意した。

この日は雨だった。窓から外を眺めていると、犬に合羽《かっぱ》を着せて歩いている人を見かける。中には自分は傘をさし、犬は濡れるにまかせている輩《やから》がいるが、これでは犬が気の毒だ。帰宅したら十分に乾かしてやって欲しいと、願わずにはいられない。

ゴエモンは雨の日には家の中の自分のトイレで大も小もすませられるから、外へ行かなければ駄目、ということはない。

後日談だが、この頃のゴエモンは、大小共に家の中でOKだった。しかし成犬になるとやはり排泄は外に限るとゴエモンは言い、家の中ではしなくなった。

犬の本能がそうさせるものと思われる。

大と小をすませたゴエモンが、ダイニング・キッチンでひとり遊びを始めた。私と妻は椅子に座って、広い丸テーブルで原稿と写真の整理をしていた。聞こえるものは、屋根の庇《ひさし》に当たる小さな雨の音くらいのものだ。

「ああ、静かだな」と思った矢先だった。

雨の音を打ち消すように、「ブッ!」と大きな音がした。威勢の良いゴエモンのおならだった。ゴエモンは自分の後ろを振り返り、「今のは何だったんだ?」とばかりに首を傾《かし》げてから、私の方を見た。

目が合うと、尻尾を振った。その表情は非常にバツが悪そうで、

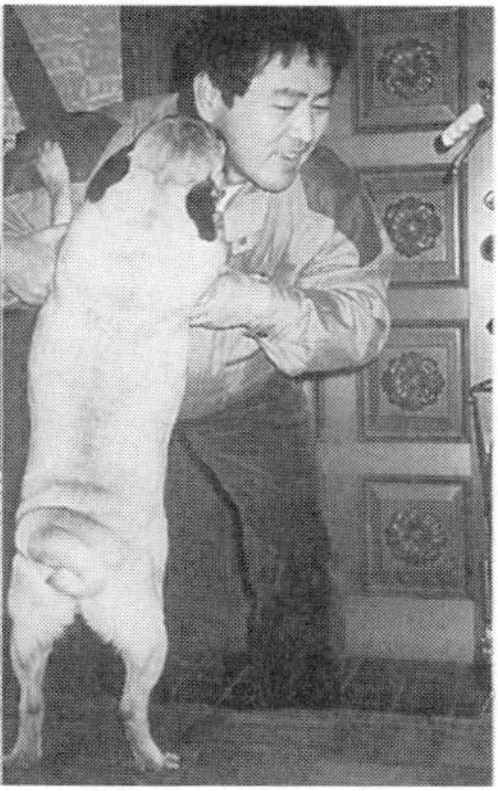

●お帰りお帰り、待ってたよ

●早く投げてよ！

「あ、聞こえた？　ごめんごめん。いやあ、参った参った」と言っているように見えた。

　ゴエモンと散歩していると、時折雌パグを連れた人と出会うことがある。たわいない雑談の後、ゴエモンを見て、無造作に、

「かけさせて欲しい」と言ってくる。

　言い方はそれぞれだが、過去に出会った六人が六人共、そう言った。中には飼い主の私そっちのけで、

「かけさせて貰おうかしら」と、無神経にしゃべる人もいる。これこそ親御さん抜きで勝手に「うちの娘《こ》と結婚させようかしら」と言っているのと同じで、とんでもない話だ。

　しゃべり方は別にしても、私はこの手の申し出は、一切お断わりすることにしている。これは私個人の考え方である。

第一に、この種のことはうっとうしい。第二には、ゴエモンの子供が、私たちの知らないところで受け渡しされるのが嫌だ。貰われるにしろ売買されるにしろ全ての子犬が幸せになるのなら良いが、飼い主に恵まれず、一頭でも不幸になるのがいたとしたら、これは辛い。少し考え過ぎなのは分かっているが、どうしてもそこまで考えてしまう。

赤塚公園の入口でパグの雌犬を連れた六十代半ば頃の御夫妻に出会った。勿論、初対面である。犬を持つ者の礼儀として、会釈をした。

この雌パグは上背がないだけに、かなり太目に見える。十三キロだと言った。ゴエモンを見て「ガガガガ……」と、咳込《せきこ》むように唸る。ゴエモンは黙って、じっと相手を見つめているだけだ。全く興味を示さない。

わずかの間眺めていたが、「僕には係わりないよ」というふうに、リードが伸びる範囲を歩き回る。

御夫妻はじっとゴエモンを見つめていたが、「大きいですね、それに上背がある」と、御主人の方が言った。

「そうですね、パグとしては大柄ですね」

私はいつものように答える。大体どの人も同じようなことを口にする。

「こんなに大きいパグ、初めてだわね」

妻君が御主人に囁《ささや》く。ゴエモンの全体的な体格を言ったのだ。私自身、ゴエモンよりも上背のある大きなパグに出会ったことはない。

「顔もいいわ」

品定めするお姑《しゅうとめ》さんのように、妻君がゴエモンの前に屈み込んで、覗き込んだ。

「コンクールに出されたことは？」

御主人が尋ねた。私は首を振り、

「そういったことには、興味がありませんので」と、答えた。

「それは勿体ない。ぜひお出しになるべきです」彼は言った。

私は笑った。あくまで個人的なことだが、外見だけで優劣を決める類のものには、興味はない。「うちのは○○のチャンピオン犬で」と聞かされる度に、うんざりする。

犬のコンテストに限らず、人間のコンテストでも、また然《しか》りだ。コンテストそのものはまだそれなりの意味を持つが、私はショーの是非云々《ぜひうんぬん》よりも、それにからむ人間たちのエゴが嫌いだ。

私が関心を持っているのは、外見ではなく、能力の方だった。より高い能力を持っている犬なら、たとえどんなに見映《みば》えが悪いミックスでも、数百万の外見を持つ犬よりも私は好きだし、愛情と値打ちを感じる。

御主人に勧められるまでもなく、ドッグショーの一件では何人かの人に勧められたことがあるが、ゴエモンの良否は別にして、その都度笑って流してきた。犬は他人と競い合うために飼うものじゃない。

「うちのは三歳ですが、お宅のは何歳ですか」

御主人がさらに尋ねる。

「六ヵ月ちょっとです」と、私は答えた。

一瞬御夫妻は、「まさか！」という顔をした。信じられないという表情が、表にあらわれている。

「四月二十七日生まれですから」

どうでもいいことだが、ゴエモンの事実を証明するために、私はそうつけ加えた。信じるかどうかは相手次第だが、正確を期す意味でフォローしたのだ。

「四月二十七日生まれですか。はあ、驚きました。六ヵ月ちょっとですか」

妻君も御主人の横で感心している。

ゴエモンが私を見上げて鼻を鳴らし、

「そんなこと、どうだっていいよ。それより、もう行こうよ」と催促している。

「分かった」とゴエモンに答え、妻に、

「行こうか」と言ってから、

「じゃあ」と、御夫妻に会釈した。

「あ、ちょっと待ってください」

踵《きびす》を返そうとした私たちを、二人が慌てて呼び止めた。ゴエモンだけが「早く行こうよ」と、前を見つめている。

「うちのこれと、かけさせて貰えませんか」

御主人が雌パグを手で示して、ゴエモンを見た。

「まだ子犬ですよ、ゴエモンは」

私は苦笑した。

「あと二、三ヵ月もしたら大丈夫でしょう、立派な体格をしてますから」

御主人の動きと共に数歩近づいた雌パグがまた、「ガガガ……」と喉を鳴らすようにして唸った。ゴエモンは困ったような顔をしている。困惑しているのは私たちだけではなく、ゴエモンもそうなのだ。

自己紹介を始めようとした御主人を、失礼だとは思いながらも、手で制した。後まで聞いてしまえば私も自己紹介をしなければならないし、そうなれば何かと係わりを持つことにもなりかねない。その類のことには、ご遠慮申し上げたい。

私は率直にその意のないことをお二人に伝えた。犬友としてのおつき合いは出来ても、正面からのその手の話をする気はない。幸いにして、御夫妻には納得していただけた。

「お待たせ。ゴエモン、行こうか」

ゴエモンがいつもの小型ダンプカーのように走り出した。リードを持っているジョギング・ウェアの妻が、その後を走る。

「凄いわねえ」

ゴエモンの走りっぷりに向けられた妻君の声が、私の耳に届いた。

私は「ゴエモンのベンツ」でふたりの後を追いながら、やれやれという気持になっていた。


ゴエモンが六ヵ月半になった。

彼には親しいパグが二頭いる。一頭はゴエモンよりも五ヵ月半お姉さんである小柄な雌パグの「キュピちゃん」で、もう一頭は四歳半になる雄の「プーちゃん」だ。プーちゃんは初めて出会った時にはゴエモンよりも大きかったが、ゴエモンの成長が早いので、あっという間に、上背、体格、体重共にプーちゃんを追い越してしまった。

プーちゃんはおっとりしていて、ゴエモンやキュピちゃんのように駆けっこは得意ではない。だからゴエモンとは、相撲《すもう》をとることはあっても、駆けっこをすることはない。いつもゴエモンのパワーとスタミナに圧倒され、転がされて、「ゴエモンの相手をすると疲れるよ」といった顔で「参った参った」と音《ね》を上げる。

プーちゃんが疲れると、ゴエモンは私の傍に来て「いつものボール遊びしようよ」と催促する。

ゴエモンのスタミナは無尽蔵だった。

「ゴエモンちゃんは凄いねぇ」

　と感心しているのは、プーちゃんの飼い主のNさんだった。Nさんは六十代になる元看護婦さんで、プーちゃん同様にゴエモンのことを可愛がってくれている。

「ゴエモンちゃんはお利口だし、やさしいから」

　と言ってくれるのだ。ゴエモンにも彼女の人柄が伝わっているから、会うと早速、「や、おばさん！」と、跳びついていく。

　Nさんはゴエモンを見ると、自分のお腹をポンポンと叩いて、にこにこして、

「ゴエモンちゃん、大好き大好き！　さ、おばちゃんのポンポンにおいで！」

　と言うのだった。ゴエモンは大喜びでプーちゃんのことなどそっちのけでNさんと遊ぶ。プーちゃんは少し離れた所からそれを見ているが、「下手に邪魔するとゴエモンが怒るからなぁ」といった諦め顔だ。

　Nさんは家から公園まで、買物用の手押し車を押してくる。プーちゃんが歩き疲れた時に乗せるためだった。

　時間がある時には、ゴエモンを遊ばせながらNさんと雑談する。人生の機微を知っている方だけに含蓄が深く、言葉の一つ一つからも、重みと心根《こころね》のやさしさが伝わってくる。

　Nさんはプーちゃんを飼う前にも犬を飼っていたという。

「手も掛かりましたけど、犬達によって随分慰められ、励まされました。この子（犬）たち

は決して裏切らないしね。仕事で疲れて帰ってきても、この子たちの顔を見るとホッとするし、元気も出ました。でも私にとって、プーちゃんが最後の犬になりますねぇ」

と言ってNさんは、いとおしそうにプーちゃんを見つめた。

「私ももう年ですからねえ、私に万が一のことも考えなければいけませんでしょ。そうなるとプーちゃんが最後って事になりますもの」

その通りだった。犬の平均寿命は十五年前後だ。早い犬で十二、三年、長命の犬なら十七、八年くらいだろう。

犬の寿命と自分の年齢を秤《はかり》にかけてみれば自分自身の手で責任を持って飼える年数が見えてくる。自分の死後、残された犬のことまで考えていけば、無責任に次から次へと飼うことは出来ない。Nさんはそれを言っている。

彼女の手がゴエモンとプーちゃんの頭を公平に撫でた。プーちゃんがNさんに擦り寄った。プーちゃんも自分に向けられたNさんのやさしさを十分に知っている。

「この子をしっかりと見てやらなくちゃ」

しみじみとNさんは言った。目尻のしわに深い慈愛が見てとれた。

自然体

十二月三日。ゴエモン、生後七ヵ月と六日である。全身にパワーがついているのが自分でも分かるらしく、何を見ても怖《お》じることがない。世界は僕の天下だ、という顔をしている。パグなのに光が丘公園までの三十分をノンストップで走り、平然としている。公園についてからも、休むことはない。

日中はスポーツを楽しむ人たちや寛ぎの広場として親しまれている公園も、夕方ともなると、飼い主と共に様々な犬たちが集まってくる。飼い主たちは、周りに気をつけて自分の犬を放し、遊ばせている。犬たちもそこのところは心得ていて、それぞれに挨拶し合ってから、仲良く遊び始めるのだ。

ゴエモンも顔見知りのパグやベトリントンテリヤ、マルチーズ、ビーグルたちと出会って、「やあ、しばらく」とお互いに挨拶し合ってから遊び始める。

そこへ自転車の男性に連れられて、ボクサー犬が来た。二歳の大きな雄で、ゴエモンと会うのは二度目だった。ゴエモンが立ち上がっても彼の胸の上くらいにしか頭の位置がこないほどの体格の差がある。

ボクサーは小型の犬たちを掻《か》き分《わ》けるようにしてゴエモンに近づくと、体を静止させて、グイと見下ろした。その態度は、尊大そのものだった。ゴエモンは相手を一瞥《いちべつ》したが、尻尾を振らなかった。自分たちが楽しく遊んでいる平和をボクサーに乱されたくない、といった様子が、ゴエモンにはっきりと見て取れた。

危険だな、と直感した。ゴエモンが挨拶のない相手を受け入れていないのが分かったからである。

ゴエモンは遊んでいた最中だから背中に赤いリードを結び上げて放されていたし、ボクサーは元々リードなどつけていない。

ゴエモンの様子から危険を感じ取った私はリードを引いて、ゴエモンを手元に寄せておこうと考えた。彼のリーダー的な性格からして自分のグループに無遠慮な他の犬を割り込ませないだろうというのが分かっていたし、またこのところ群れをガードする性格が急速に強まっているゴエモンであったから、なおさらであった。

一ト月ほど前、パグのプーちゃんやキュピちゃん、別のマルチーズがゴエモンと遊んでいるところへ、新顔のスピッツが来た。ゴエモンよりもずっと大きな成犬のスピッツはこの小さな群れに割り込んできてリーダー然としたゴエモンに唸りかけ、怒ったゴエモンがスピッツに飛びかかって転がした。大事になる前にゴエモンを抑えて事なきを得たが、今度のボクサーは大きさといいパワーといい、スピッツの比ではない。

私の危惧《きぐ》を知ったボクサーの飼い主は、

「大丈夫ですよ。うちのは絶対に安全ですから」と言った。

確かに何事もない場合には、穏やかなボクサーではある。しかしそれは他の犬が彼に一目置いている場合のことであって、一目置かない犬が相手の場合はどうか。ゴエモンはどんな相手にも、屈する性格ではない。

どうするかを躊躇していた矢先に、運の悪いことに、ボクサーが私の所へ挨拶に来た。人なつっこく、頭をゴリゴリと私に押しつけて甘えかかる。ゴエモンは常日頃から他の犬が私に近づくのを嫌っていたから「まずいかな」と思ったが、かといって親しく接してきた犬に、そっ気なくも出来ない。

私はボクサーの大きな頭と首筋を撫でてやった。ボクサーはなおもゴリゴリと堅い頭を押しつけてくる。

ゴエモンはどんな犬にも私たちには触らせない。そんなゴエモンが、私に能動的に接触してくるボクサーを目にしたらどうなるか。

ゴエモンは遊びながら、瞬間、それを見たらしい。私の耳にゴエモンの唸り声が聞こえた時には、彼はすでに弾丸のように、自分の何倍も大きいボクサーに体当たりしていた。

ゴエモンが突っ込み、どこでこんな戦法を覚えたかと思われる凄《すさ》まじさでボクサーにむしゃぶりついていく。前進あるのみで一歩も引かない。ボクサーも負けてはいない。後足で立ち上がって、下から突き上げてくるゴエモンを前足で叩き、抱きすくめるようにして重量のある上半身をゴエモンに被《かぶ》せる。二頭の凄まじい怒号が重なる。パグの顎は強力だが、他犬種よりも鼻面が短いだけに、口そのものが大きくない。ぶつかって嚙みつこうにも鼻面に長さがないから、速い動きと馬力のある相手を牙で捕えるのは難しい。

立ち上がって前足で叩き合ったところで、ゴエモンは押し倒された。四十キロ近いボクサーの成犬に、十二キロ半で生後七ヵ月のパグではキャリア、重量共にかなわない。ついに押し倒されて、押さえ込まれた。それでもゴエモンは下から果敢に応戦する。両犬の動きが激しくて、一瞬動きが止まるまでは、誰にも二頭の犬を分けることが出来なかった。

「ゴエモンは、ちっちゃいんだからね、子犬だからね」

両犬の動きがほんのわずか止まったところで、ボクサーの飼い主が繰り返し大声を上げて、ボクサー犬を制した。訓練の入っているボクサーはゴエモンを押さえ込んだが、牙と唇を震わせながらも、じっとこらえて、嚙まなかった。ボクサーは飼い主の言葉を理解し、忠実に守った。飼い主がボクサーを摑み、私がゴエモンを引き離した。両犬はお互いを見据《みす》えて、まだ激しく唸っている。

●緑いっぱいの公園で

ゴエモンは引き離されたが、負けたとは思っていない。喉を鳴らし、首毛を逆立て、尻尾をギリッと巻き上げて、

「まだ決着はついてないじゃないか！　僕はやるんだ！　放してくれ！」と身をよじり、私の手を振り切ってボクサーに立ち向かっていこうとする。ゴエモンの気性なら死ぬまで戦うに違いない、と私は思った。

少し落ち着いたボクサーも、驚いた顔でゴエモンを見ている。

「凄い犬ですなあ、実に気が強い」

ボクサーの飼い主がゴエモンの気性の激しさに舌を巻いた。いざとなった時のゴエモンの気性は知っていたが、これほどまでに激しさを見せられたのは初めてであった。

「いやあ、気が強い」ボクサーの飼い主は、もう一度、唸るように言った。

それにしても命拾いをしたのは私の方であり、ゴエモンであった。もしも彼の制止がなければ、そしてボクサーが彼の制止をきかなければ、ゴエモンはかなりのダメージを受けたはずである。

「犬を飼っているといろんなことがあるもんですよ。私もここまでくるのに、こいつにもいろんなことがありましたから」と彼は笑った。

帰り道、ゴエモンが相手に戦いを挑んだ理由を考えてみた。自分が守っているグループに、突然でかい態度で挨拶もなく割り込んできた苦々しい相手が、こともあろうに、自分の主人になれなれしく接した。許せない気持が限界を越えて一気に爆発した、ということだろうか。

ゴエモンがボクサーの動きに絶えず気をつけていた様子から見ても、彼の気持の中に初めから相手への警戒心と不信感があり、「危険な存在」と見ていたことは確かである。その相手が私に近づいたことで、咄嗟《とっさ》にゴエモンは、その犬から私を守ろうとした、ということも考えられなくもない。

が、真実は分からない。真実を知っているのはゴエモンだけであったが、それについて尋ねても、ゴエモンは尻尾を振るだけで、何も語ってはくれなかった。

十二月の半ばになっていた。光が丘公園を走り回った後、手足を拭いて石のベンチに座らせて、ひと休みした。活発なゴエモンも、乗せてしまえばおとなしくじっとしている。

「可愛いワンちゃんですね」と言ったのは、年輩の二人連れの女性だった。

相手の笑顔と声の感じが分かるから、ゴエモンはお座りをしたままで尻尾を振る。その姿は、おとなしくいいいまだかつていたずらをしたことのないワンちゃん、といった様子そのものだった。低い鼻先をツンと上に向け、

「僕、とってもおとなしいんだよ。悪さは一度もしたことない。お母さんの言うことは良くきくしさ、本当にいい子なんだ」

と言っている。

「手が掛からないんでしょ」一人がゴエモンの笑顔につられて、笑顔で言った。

「いえ、大変ですよ、とっても」と私は答える。

「パグちゃんって言うのよね、この犬」

もう一人が言った。

「パグって、おとなしいから手が掛からないって聞くわね。そうでしょ」

私の言葉など半分しか聞いていない。大変ですよ、と言った答えも、さほど大変だとは思っていないらしいのだ。可愛いだけでは犬は飼えない、ということもお気づきではない。

犬を飼うのは大変なことだ、と知っている人でも、実際に飼ってみて、その十倍以上も大変なことに気がつく。真剣に犬を愛し、世話し、終生家族の一員として面倒を見てきた人の口を借りれば、犬から愛されてきた分だけ苦労を背負っている、と言えた。

ゴエモンと私たちはまだ日が浅いが、浅いなりにも想像の五倍程度の苦労はしているつもりだ。失礼だが、この二人の善意の御婦人たちが知っているのは、犬を前にした「可愛さ」だけで、犬を飼う苦労の十分の一も理解しておられない。だから一言、

「犬って、本気で飼えば手の掛かるものですよ」とだけ、言っておいた。

一般的に「パグはおとなしい」と言う。

確かに一般論ではそうかも知れないが、これはあくまで一般論にすぎないのだ。「個体差が大きい」とは、本には書いていない。

実はこの個体差が大きいのもまた、犬なのだ。同じ犬種だからといって、同じような性格ではない。千差万別である。

専門書丸暗記の読み覚えも困るが、本で分かることは、その犬のさわりの部分だけだと思って欲しい。

二人の女性が去って、私と妻はゴエモンを間に、ベンチで暖かい日溜《ひだま》りを楽しんでいた。

そこへマイクロバスが着いた。丁度私たちの前、数メートルのところへ、である。

お年寄りの方たちが降りてきた。老人ホームのバスだった。一人で降りられる人もいれば、ボランティアの方に支えられて降りてくる人もいる。半分近くが、足元がおぼつかなかった。車椅子の人も四、五人はいる。

バスを降りると、ボランティアの人たちに付き添われて公園内へと歩いていく。大抵の人

はゴエモンに笑顔を見せてくれる。

　バスから降りる半ばあたりで、七十代の終りくらいの女性が、四十代後半のボランティアの女性に伴われて車椅子で降りてきた。どこもここも細身で、キッとした、気難しい顔をしている。緑の公園に目を向けても、口をへの字に引き結んだままで笑みも出さない。

　車椅子が数メートル動いて、私たちの前で止まった。

「ほら、おばあちゃん、可愛いワンちゃんよ」

　ボランティアの女性が車椅子を押す手を止めて傍に身体を寄せ、屈み込むようにして、高齢者の女性に囁いた。

　老女が、ゴエモンを見つめる。

　ゴエモンがベンチの上から彼女を見て、尻尾を振った。

「ゴエモンです。こんにちは、お元気ですか」

　妻がゴエモンに代わってゴエモンの言葉で自己紹介し、高齢者に笑顔を向けた。

　ゴエモンが立ち上がって尻尾を振る。笑っている、にこやかなゴエモンの顔だ。

「ほら、おばあちゃん、ゴエモンちゃんですって。ご挨拶してますよ」

　ボランティアの女性は妻に笑顔で会釈してから、老女の気持を引き立たせるように、にこりとして、そう言った。

　老女は背筋をピンと伸ばして、じっとゴエモンを見つめているだけだ。頰の筋肉も動かさない。

関心がない訳じゃなさそうだと思ったのは、彼女が尻尾を振っているゴエモンから一寸たりとも目を離さなかったからである。

「△△さん、可愛いワンちゃんね。あなたを見て尻尾を振ってるわ」

声は、彼女と同年齢くらいの女性だった。短い杖を持っているその女性は、車椅子の同性に話しかける。

車椅子の老女が頷いた。初めて自分の意思で見せた行動だった。車椅子の老女の気をもりたててあげようとしている二人のために、私は何かをしてあげたいと思った。そこでゴエモンを石のベンチから降ろすことにした。

「さ、ゴエモン、降《お》ンりして、こんにちは、しようか」と私は言った。

ベンチを降りたゴエモンは真っすぐに車椅子の前に行き、「お座り」をして、彼女を見上げて尻尾を振った。

「僕、ゴエモンですよ。はじめまして」

車椅子の傍に屈み込んだ妻が、ゴエモンの言葉を代弁した。老女が小さく頷いた。頬が緩み、目尻が微笑んだ。ぎこちない、慣れていない笑みだった。老女が膝に掛けている毛布の脇からソロソロと片手を伸ばしてゴエモンに触れる。ゴエモンは筋張った老女の掌に顔をつけた。尻尾を振る。今度ははっきりと、老女の頬に笑みがこぼれた。

バスを降りてきた時の堅く強張《こわば》った表情は嘘のように消えていた。こんな表情も出せるのだとあらためて思ったほどの、柔らかい、温もりに満ちた表情だった。

「あ、△△さんが笑った！」

車椅子の横にいた別の高齢者の声がした。

「△△さんが笑ったよ。初めて笑った」

また別の人の声がする。それと同時に、車椅子の周りで小さな拍手が起こった。

車椅子の老女は片一方の手で車椅子に摑まり、空いているもう一方の手でゴエモンと遊んでいる。みせかけではつくれない、心の底からの、うちとけた笑顔である。

車椅子の老女とゴエモンをそのままにして、ボランティアの女性が、そっと、私たちの傍へきた。

「おばあちゃんが笑ったのは、うちのホームへ見えてから、私の知っている限り初めてです。本当に楽しそう。ゴエモンちゃんにお会い出来て本当に良かった。ありがとうございました」と小声で言い、振り返った老女に、

「△△さん、ゴエモンちゃんに会えて良かったね。ゴエモンちゃんはいい子ね」

と言った。老女は顔いっぱいに笑顔を浮かべて、幾度も幾度も頷いた。

老人ホームのマイクロバスが着いたその時、この場に居合わせることが出来て本当に良かったと、私たちは思った。小さな出来事ではあったが、高齢者たち共々、私たちもゴエモン

のお蔭で幸せなひとときを過ごすことが出来た。

それから十分ほどして老女はボランティアの女性に車椅子を押して貰って去っていったが、車椅子の席から気持を残して、何度も何度も振り返っていた。

ゴエモンもリードの先から尻尾を振りながら、それを見送っている。

「気難しそうだったけど、僕、あのおばあちゃん、とってもいい人だと思うよ」

と言っているようであった。

車椅子の老女を真ン中にして、五、六人の高齢者たちは代わる代わる私たちに会釈をし、手を振った。私たちも彼らの背が遠ざかるまで手を振り、じっと見送った。

近年、セラピー・ドッグという言葉をよく耳にする。セラピーとは、薬や外科手術を用いない治療のことで、特に心理療法を指しているが、欧米では動物を積極的に活用するアニマル・セラピー「動物介在療法」が確立していると聞く。人と動物との良い関係が育つほど、お互いの身心にすばらしい作用があると言うのだ。

私は老人ホームのおばあちゃんとの偶然《まあ》のふれあいから、動物の介在がいかに心を開かせることが出来るかを目の当たりにした。

人によって多少の違いはあるだろうが、すばらしい効果が期待出来ることは確かだ。これはゴエモンが教えてくれた大きな収穫であり、ゴエモンからのプレゼントだった。

大きな一歩

ゴエモンの顎と歯はきわめて強い。私たちの手では壊《こわ》せない堅く干したササミでも、あっという間に噛み砕いて食べてしまう。

ほんの冗談のつもりで、中味の詰まった缶詰やコーヒーの缶に穴を開けてしまうし、硬式の黄色いテニスボールは、すでに五、六個噛みつぶしてしまっている。

牛の筋で出来た犬用のチューインガムは、ゴエモンにとってはガムではなく、ごちそうもいいとこだ。クチャクチャ噛んでいたかと思うと、これまたあっという間に飲み込んでしまう。その破壊力たるや驚くべきものがある。

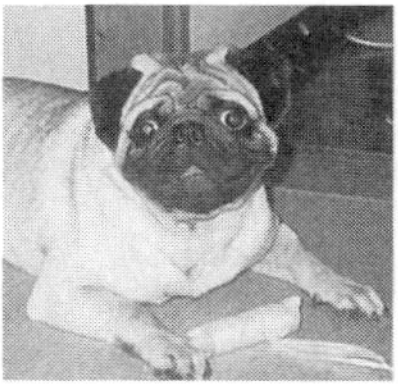

光が丘公園で三十分ほど走らせた後、足を拭いて石のベンチに乗せてひと休みした。この日は曇天で、今にも雨が降りそうな雲ゆきである。もたついているうちに降ってくるかも知れない。

私はゴエモンをベンチから降ろすと、

「さあ、帰るぞ」と言った。

普通ならまだあと少し走らせるところだったが、空模様から、今日は予定の変更だった。

私はリードを引っ張って、「さあ、帰ろう」と言った。ゴエモンが不満そうな顔で私を見上げた。いつもと約束が違うじゃないか、という目で私を凝視《ぎようし》した。ムッとしているのが分かる。

「まだいつもみたいにそんなに走ってないじゃないか。僕、疲れてなんかないよ」

という表情を、全身で見せている。

「雨が降りそうなんだ。傘はないよ。濡れるの、嫌だろ。さ、帰ろう」

「嫌だよ、帰らない」

ゴエモンが珍しく反抗的な様子を見せた。「ゴエモンのベンツ」は妻が引いて、横に立っている。

「ゴエモン、行くぞ」

リードを引っ張った。その途端、ゴエモンが向きを変えて、唸りながら向かってきた。動きが素早い。

「何で僕の言うことを聞いてくれないんだ。僕はお父さんやお母さんがお休みしている間、おとなしくじっとしてたじゃないか。散歩が楽しみだから、じっとしてたんだ。それなのに、散歩もせずに真っすぐに帰るなんてずるいよ。いくら僕だって許せない。我慢出来ない！」

　ゴエモンの全身は興奮に高ぶっている。

「ゴエモン！」

　中腰になって話し合おうとしたが、間に合わなかった。弾丸のようにぶつかってきたゴエモンは、私の二の腕の内側に、パクッと噛みついた。

　私はこの時キルティングされた冬用の厚地のジャンパーを着ていた。ジャンパーの下はこれまた厚地のトレーナーだ。気持の中に、噛まれたってどうってことはない、という安易なものがあった。ところが、これが甘かった。噛みついたゴエモンの顎はペンチだった。幼犬ではなく若犬になりつつあるゴエモンの歯は、まさにペンチの歯だった。ガブッときた瞬間、

「ウッ！」と唸った。

「馬鹿！　本気で噛む奴がいるか！」と怒鳴ったが、後の祭りだ。

　一度噛んでしまうと満足したのか、それとも申し訳ないことをしたとでも思ったのか、パッと離れると、反省の色を浮かべて、

「悪かった、悪かった」と言うふうに、尻尾を振った。今までの怒りがそれで解《と》けたのか、二度と噛みついてこない。いつもの穏やかな表情のゴエモンに戻って、おとなしく自転車に並んでついてくる。

「痛いよ。実に痛い。腕が千切れてるかも知れない」

顔をしかめて、大袈裟《おおげさ》に妻に言った。

「腕が千切れてたら、こいつ、子豚に似てるから酢豚にしてやる」

そう言うと、分かったのかどうか、ゴエモンが私を見上げて尻尾を振った。

「悪かったよ。つい出来心でさ」と言っているように見える。

妻もパクッとやられた経験があるから、痛みの度合いは分かっている。

帰宅してジャンパーを脱ぎ、二の腕を見ると、白い下着に血が滲《にじ》み、ゴエモンの丸い上下の歯型が色鮮やかにくっきりとついていた。キルティングと厚地のトレーナーを通しての歯型だった。


十二月も残り少なくなってきた。年が明けるとすぐに取材で南アフリカへ行かなければならない。一週間程度ならさほど考えることもないが、十五日間という日程である。

ゴエモンにとって初めての長丁場《ながちょうば》の留守番だけに、気にかかる。

突然にドーンと十五日間私たちがいなくなったらゴエモンはどうなるか。精神的なものが心配だった。そこで予行演習として、二泊三日、ペットホテルに預けることにした。

ホテルから迎えの車が来た時、ゴエモンは直感から相手の男性が自分を連れに来たのだと知って、震えた。どんなことにも、一度も動じることのなかったゴエモンが震えたのは、初めてである。相手は何もしていないのだが、分かるらしい。

「行きたくない」と、私たちの後ろに隠れる。

「この人は僕を連れに来たんだ。絶対に渡しちゃ駄目だよ」と言っているのが、全身で表現するゴエモンの仕草からありありと見てとれた。

とは言っても、そのために来て貰ったのだから渡さない訳にはいかない。

「なあ、ゴエモン。聞いてくれ。お仕事でね。二、三日一緒にいられないの。お仕事しないとゴエモンも困るだろ。すぐにまた会えるから。そうしたら一緒に遊ぼう。だからいい子して、少しの間、このお兄さんと一緒に待っててね」

ゴエモンに言い聞かせた。どこまでゴエモンが理解したかどうかは知らないが、先ほどよりも落ち着いたし、震えも止まり、しんみりとした顔になった。私はゴエモンを抱き上げて、彼に渡した。ゴエモンは彼の手元から振り返りながら助手席に下ろされ、私たちが見えなくなるまで、車の窓から見つめていた。

ゴエモンを渡すこの瞬間ほど辛く嫌なものはない。本当に渡してしまう訳ではないのに、永遠に失ってしまうのではないかと思うほど不安で、罪悪感の塊《かたまり》になる。

「これ以上悲しいことはない」と言ったゴエモンの目が、いつまでも瞼《まぶた》の裏に焼きついて離れなかった。

三日後の昼前、ペットホテルのTさんというお姉さんの車でゴエモンは元気に帰ってきた。

抱かれて玄関に入るなり、

「僕、帰ってきたからね」と、大はしゃぎで尻尾を振る。出掛けた時とは別犬であった。

「ゴエモンちゃん、いい子でしたよ」

笑顔で、Tさんが言う。ゴエモンもTさんが気に入っているらしく、玄関の床に下ろされてからも、「親切にしてくれてありがとう」というふうに、彼女にまとわりついて尻尾を振る。

「ゴエモンちゃんは他の犬と違って物怖じしませんしね、精神的に凄く強い子ですよ。二、三日と十五日間とでは期間が違うので同等に考えるのはちょっと難しいですけど、ゴエモンちゃんなら大丈夫なんじゃないでしょうか」

Tさんはゴエモンの頭を撫でながら、笑顔で言った。キャリアのあるTさんの言葉は、私たちをホッとさせる。

二泊三日のゴエモンの様子を教えてくれた後、Tさんはゴエモンをひと撫でしてから、帰っていった。

ゴエモンはダイニング・キッチンから廊下、風呂場など普段彼が足を踏み入れている場所をくまなく点検して歩き、異常なしと判断すると、安心したように毛布の上に寝そべって、尻尾を振った。

「ちょっと留守にしたけどさ、変な奴は来てなかったみたい」と言っているように見えた。

●やっぱり、行かなきゃダメ？

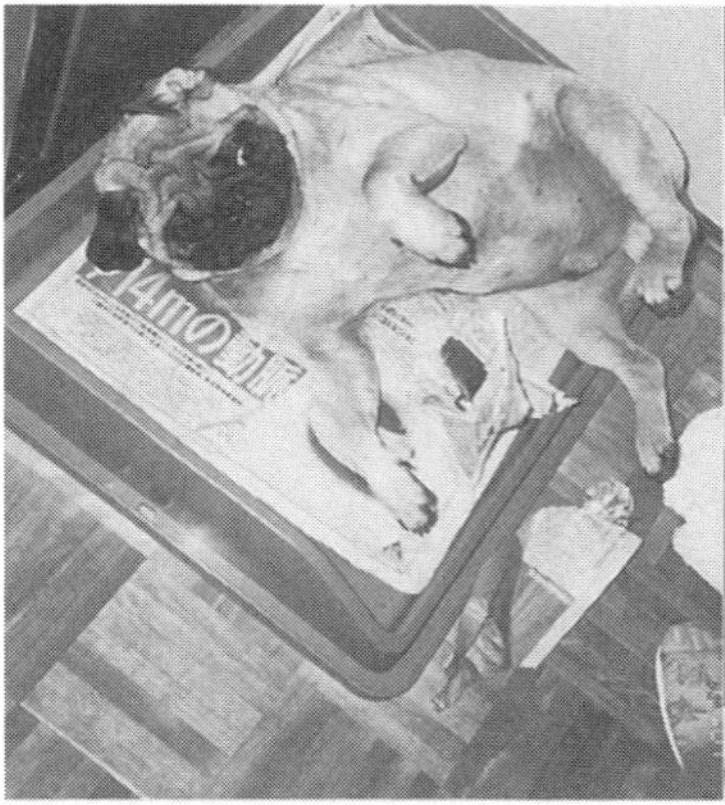

●耳そうじ、絶対に嫌だからね！

ゴエモンの寛ぎには「何たって我が家が一番」といった様子がうかがわれた。

「犬は叩けば言うことを聞く」と言い切って、飼い犬が別段不始末をした訳でもないのに、しつけと称して、感情にまかせて「殴る、叩く、蹴とばす」の人間がいる。犬にとっては最悪の飼い主で、この種の人間のほとんどはなぜ叩くかの理由を犬に教えずに、無言で容赦なく叩くのである。

たとえば、室内犬がテーブルを覗いたからといって叩き、眠っていたからといって叩く。

これではなぜ罰を受けるのか犬にはよく分からないし（私にも分からない）、犬が反抗的になったり、逆にオドオドした性格になったりするのは当たり前だ。人間の子供だって理由も教えられずに叩かれ続けていたとしたらどうなるか。将来的に見て、暗い性格に育つか、そのうち親を張り倒す子になるのは目に見えている。

中には「犬の頭は丈夫だから、バットで殴ったくらいでも平気」と、分かったような顔で暴言を吐く劣悪な人間もいる。こんな輩《やから》に飼われた犬こそ悲劇だが、元々犬は叩けば言うことを聞くという単純でその場限りの動物ではない。叩かれる犬が反抗しないのは、相手が自分よりも優位に立っていると知っているからであって、自分が優位に立ったと悟った時から、飼い主と犬との立場は逆転する。

犬に限らずどんな動物にも言えることだが、力の支配や圧力だけでは、本当の友好関係は望めない。信頼関係というのは、労《いたわ》りと愛情からでしか生まれない。上辺《うわべ》ではなく本音の愛情で接すれば、人間よりも遥かに感受性の豊かな動物はそれを見極め、分かってくれる。

ほとんどの犬は体罰を加えなくともじっくりと話し合えば理解しあえる。それには根気と忍耐がいるが、根気と忍耐はどんな場合にも必要だし、時間をかけて教えてやれば、大抵の犬は理解する。

ろくすっぽ教えもせずに、頭から「この犬は馬鹿だから」と極《き》めつける飼い主がいるが、馬鹿なのは犬ではなくてそれを放言する無知な飼い主の方だと思って、間違いない。

子供を見れば親が分かるというが、犬を見れば飼い主の質が分かる。逆に飼い主を見れば犬が分かるというもので、駄目な飼い主の元では、磨《みが》けば光る名犬も、ただの石ころになってしまう。自分を馬鹿だと言いたくなければ、決して「飼い犬」を馬鹿だと言ってはならない。そして犬は、いつも飼い主の言葉を聞いている。

中学生の時のことだが、私は信頼されることの喜びと大切さを、ある小売店の店主から学んだ。当時私の古里の実家では、小《こ》リンゴを栽培していた。小リンゴは直径四センチ強ほどの小さなもので、夏になると枝いっぱいに、たわわな実をつけた。甘酸っぱくてとてもおいしい果実で、果物好きの私は「リンゴ虫だね」と母が笑うほど食べたものだ。

夏休みに入って、私は母と姉が早朝に摘んだ小リンゴを自転車に積んで、数キロ離れた町の小売店へ卸《おろ》しに行った。店は自分自身での開拓だった。

ある日、O公園に近い新規の小売店、K商店を訪ねた。K商店は五十代の主婦がたった一人で切り盛りしている小さな店で、野菜などが雑然と並んでいた。私は彼女の手が空くのを待って、持ち込んだ小リンゴの説明をした。彼女は卸し値を聞き、私はそれに答えた。

「じゃあ、置いてみようかね」と彼女は言い、「どのくらいあるの？」と、私の積んでいる量を尋ねた。

「五貫五百です」と私は答えた。当時の目方《めかた》は貫目《かんめ》（一貫は三・七五キログラム）での計算であったから、キロになおすと、約二十キロほどだ。全部引き取ってくれるというので、秤《はかり》に乗せた。五貫五百以上あった。どんな時でも目方以上に入れておくのが母であったから、自信を持って秤に乗せることが出来た。

三日ほどしてまた訪ねると、小リンゴはすっかり売れていて、その日も持ち込んだだけ、即金で引き取ってくれた。

三回目に行った時には、彼女は持ち込んだ量だけを聞き、量りもせずに全部を店頭に並べておいてくれるようにと言った。持ち込んだ品物を量りもせずに店頭へ、というのは、一般的にはまず有り得ないことだった。そこで、

「おばさん、小リンゴ、量らなくていいの?」

私の方から尋ねた。店主であるおばさんはにっこりして、

「兄ちゃんなら、量る必要はないの。こんなおばさんでも、人を見る目はあるつもりだから」と言ってくれた。

その後もK商店の彼女は、一度も秤を使うことはなかった。信頼されることがどれほど嬉しくすばらしいものであるかを、私はK商店の店主から教えられた。

あの日から数十年経った今も、小さな小売店の広い心を持ったおばさんの笑顔と言葉がそのままの状態で蘇《よみがえ》ってくる。終生忘れることのない感謝である。人も犬も信頼があってこそ、豊かな人生（犬生）が送られる。

某出版社編集部のベテラン編集部員、Hさんから、ゴエモンの写真入りの本が届いた。生後七十日のゴエモンがいたずらっぽい目をして、伏せをしている写真である。かなり大きく、

スペースをとってくれている。

「こうやってあらためて眺めると、ゴエモン、なかなか可愛いわね。キリッとしてる」

満足度二百パーセントの笑みで、妻が言った。送られてきた本は月刊誌で、私はこの本に一年間の約束で連載を持っていた。Hさんと雑談をしていた時に、たまたまゴエモンの話が出た。

「そりゃあ面白いですね」ということで、ゴエモンの記事ともども、写真が掲載されることになった。Hさんは早速拙宅までカメラマンを寄越すと言うのだが、遠方からわざわざ足を運んで貰うのも恐縮なので、手持ちの写真を提供することにした。

「ゴエモン君、愛敬があって可愛いですねえ。見れば見るほど、表情に味があります」

写真を送った翌日にHさんから電話があり、開口一番、そう言ってくれた。

「うちの編集部の連中に見せたら、可愛いって、そりゃあ大変な評判でしたよ。いやあ、ゴエモン君、いいですねえ。実にいい」

ゴエモンを褒められると、二人とも相好《そうごう》を崩してしまう。

「そんなに評判、良かったですか」親馬鹿になりきって、つい嬉しさを表に出してしまう。

「ゴエモン君には、そのうちまた、ぜひご登場願いたいというのが、私たち編集部の総意でしてね」

「ありがとうございます」

私は受話器に向かって、頭を下げた。

ゴエモンはモデル料として、それなりのものを頂いた。ゴエモンにそのことを伝えると、「ま、気楽に使ってくれ」という。が、ゴエモンが初めて頂いた貴重なギャラである。

そうもいかないので妻と相談の結果、「ゴエモン預金」をつくることにした。そのうちゴエモンから借りることもあるかも知れないが、今のところは、まだない。

ゴエモンの信条は「がむしゃらに前へ」だが、私の座右の銘もまた「前へ」だ。たとえ失敗しても、後へ下がるよりも前へ出る方がいい。そう決めている。とは言っても、これは実際には、なかなか難しいことである。人間である以上、分かっていても踏み切れない場合もある。

高校二年の時だが、私は映画研究部の部長や幾つかの委員をやる傍《かたわ》ら、学校新聞に漫画を描いていた。

ある時、ディーン室（生徒指導）のT先生から、ホームルームの一時間を君にあげるから講堂で漫画について講演をしないかと言われた。当時の若狭高校は生徒数千四百人で、教師の数も多い。そんな中で一時間フルに話すことに自信が持てなかった。途中で退屈させてしまったり、間がもてなくなったりしたらどうしようかという危惧である。「君ならやれる」と言われても、踏ん切りがつかない。再三すすめられたが、「そのうちに」と言って、とうとうやらなかった。それが卒業の時に、唯一の重い後悔の気持となった。人格者であられたT先生は、その後若狭高校の校長となり、当高校のある小浜市の市長になられた方だ。

大学に入り、私は三年生から明治大学漫画集団のキャプテンを務めた。秋の文化祭で漫画集団は千五百人収容の記念館講堂で「六大学漫画合戦」と銘打つイベントをやった。六大学のエース級数人ずつが舞台に出て漫画の対抗戦をやるもので、その司会役をホスト校の明治が務める。そして最後にキャプテンの私が観客の注文する漫画をその場で描いてみせるというものであった。

「司会」の話がきた時、高校時代の思いが頭をよぎった。ここで引き下がれば高校時代の二の舞いになる、と思った。そんな思いはしたくなかったから、引き受けた。

当日は通路にまで人が溢れるほどの超満員だった。舞台の袖に立って緞帳《どんちょう》が上がる瞬間を待つ時、息苦しいほどの緊張を覚えた。何しろこれほど大勢の前で独演的に話したことなどなかったからだ。

掌に「人」という文字を書いて、軽く三度舐めた。まじないだが、効果はある。舞台の前に進んだらやるんだと決めていたことが二つあった。マイクを前にしたら、しゃべる前に胸の内で三つ数えること。観客を見渡して、にっこりと笑うこと。この二つだ。

緞帳が上がって、マイクの前に立って、これを実行した。観客を見渡してにっこりとした時、観客がドッと沸いた。観客席の一番後ろで、知人が微笑しているのがはっきりと見えた。

僕は落ちついている、と思ったら、本当に落ちついた。あとはいつもの自分以上に話すことが出来た。観客が注文を出す不特定多数の漫画も、うまく描けた。客席から「プロじゃないのか」という声まで投げられて、気持まで大満足だった。

三年生で成功したので、四年生の時も司会をした。この時はもう、不安はなかった。やれば出来る、ということを身体で覚えた。

その後、プロのアナウンサーになった。繰り返すが、座右の銘は「前へ」だ。

もう一度高校時代に戻れるものなら、全校生徒千四百人の前で漫画についての講演をする。

あの時、たとえ失敗してもやっておくべきだった。T先生が亡くなられた今、それが一番悔やまれる。

十七日間のおるすばん

一九九二年も無事に終えた。これまでわずか八ヵ月だが、されど多彩な八ヵ月であった。年が明けて、一九九三年の元日を迎えた。

ゴエモンは生後八ヵ月と五日目である。

夜計量すると、十三キロ強になっていた。宅《うち》へ来た時には、一・四キロ。それが八ヵ月で十三キロだ。九倍強になっている。

「大きくなったなあ、ゴエモン」

と、思わず抱き上げてやった。

「な、育て甲斐があっただろ」というように、ゴエモンが抱かれたままで頬を舐《な》める。

確かに育て甲斐があった。あとはこのまま大過なく成長して欲しい。

私たちは新年を迎えてお祝いの酒を飲み、ゴエモンには人肌程度に温めた牛乳を与える。

大好きなスライスチーズやゆで卵も、ゴエモンの食卓に乗る。熱湯を通したインゲンやほうれん草の他、生のニンジンも大好きである。

正月の楽しみの一つに年賀状があるが、ゴエモンにも「ゴエモン様」とか「ゴエモン君」「ゴエモン坊ちゃんへ」という宛名書きで、年賀状がきている。

「いいなあ、ゴエモン、年賀状が貰えて」

ゴエモンに見せると、彼は分かるような顔をしてクンクンと嗅いでから尻尾を振り、妻に「代書しといて」と言うのだ。

ゴエモンへの年賀状はプーちゃんのお母さんからをはじめ、光が丘公園で水遊びをしてくれたM子ちゃんやN子ちゃんなど、結構枚数がきている。

「ゴエモンは幸せ者ねぇ」と、妻が言った。

まさに我が家のニューウェーブになってきている。郵便物のみならず、ゴエモンには手作りのプレゼントまで届く。

正月らしく、遠慮のない友人たちが顔を出す。ゴエモンは賑やかなのが大好きなので、尻尾を振り振り、「さあ、上がって上がって!」と大喜びだ。

居間とダイニング・キッチンとの間には小さな柵がしてあり、ゴエモンはそこから居間へは入れない。だから柵の所にきちんと「お座り」をして、客人たちを見つめている。客人たちは居間からゴエモンと顔を合わせられるので、「ゴエモン、ゴエモン」と、声を掛ける。

声を掛けられる度にゴエモンは、

「ン？　何だい、用事かい？」という顔で尻尾を振る。決して騒ぐことはない。黙って、キラキラ光る期待一杯の目で客人たちの動きを見つめているのだ。

ゴエモンは数人からお年玉を貰った。失《な》くすといけないので、私がしっ、か、り、と、ゴエモンのために預かっておいた。

数日後ゴエモンは、ダイニング・キッチンと居間の間を自由に往き来出来るようになった。というのも、ゴエモンは居間に入る方法を覚えたからである。

最初ゴエモンは居間にいる私たちをダイニング・キッチン側から仕切りの柵越しにおとなしく見つめていた。柵の高さは私たちがまたいで通れる高さだが、ゴエモンにとっては越えることが不可能な高さであった。もうその頃はいたずらをしなくなっていたのでゴエモンに声をかけて彼を呼び、私が柵を手前に引いてゴエモンを入れてやったところ、彼は大喜びで「本当に、入っていいの？」という表情で、目をキラキラさせて入ってきた。

翌日ゴエモンは、私がそうしたように自分で柵を手前に引いて、私たちがいる居間へ、チャッカリと入ってきた。

これには私たちの方が驚いた。ゴエモンは柵の開け方を示したたった一回だけの私の手元を見て覚え、即座に自分のものにして、実践したのだった。

それから間もなく柵は取り払われ、居間を自由に出入り出来るようになったゴエモンは、窓から外を楽しげに眺めるようになった。

正月の期間は何かとアルコール漬けになっているので、ゴエモンと走る訳にはいかない。時間を見つけてゴエモンと三人で、いつもの公園へ行く。正月らしく凧《たこ》をあげている風景が目立つおだやかな夕方だった。

私とゴエモンは、ボール遊びを始めた。黄色いテニスボールを遠くへ投げて、取りにいかせる遊びだ。ゴエモンの一番好きな遊びだった。くわえて戻ってくると、「お座り」「待て」をさせてから、またボールを投げる。ゴエモンは時たま早とちりをして投げる前に走り出すから、本当のボールの行方を見失ってしまったりする。そんな時にはボールの方向を指さして、

「あっちだよ」と言ってやる。

するとゴエモンは指さされた方へ走り、黄色いボールを見つけ出してくるのだった。

じっとしていてゴエモンに運動させられるのだから、パートナーとして、こんなに楽なことはない。さすがの鉄人（鉄犬）ゴエモンもへとへとになり、「僕はもうギブアップだからね」と言ったところで小休止だ。そのあとゴエモンは、彼専用の「ゴエモンのベンツ」で御帰還になるのだった。

一月七日の夕方、ペットホテルのTさんが車でゴエモンを迎えに来てくれた。

私たちは明日一月八日から十五日間の予定で南アフリカへ行く。この取材をベースに書き上げたものが、後日『影のドーベルマン』として出版されるのだが、その為にはどうしてもゴエモンを預けなければならない。

知り合いで預かってくれるというところは何軒かあったが、犬を預かる労力と責任を思うと、安易に「よろしく」とも言えない。

相手方への気づかいもある。

犬を預けるには、扱い慣れていて、しかも信頼してまかせられるというのが条件になる。この頃はまだA動物病院が預かってくれるとは知らなかったから、最終結論が「気心の知れたペットホテル」ということになった。

気心が知れていて責任感と温もりのあるペットホテルなら、言うことはない。そういった意味から、一度予行演習をしているTさんの所なら安心だし、ゴエモンの性格も知ってくれている。スタッフたちも申し分のない人たちだ。

私たちはTさんと食事の内容から回数、散歩、コンディションづくりまで、綿密に打ち合わせをした。後は前後の日数を入れての十七日間、ゴエモンが私たちと離れて環境の違うところで孤独に打ち勝ってどう過ごすか、ということだった。

ホテルでの必需品として「ゴエモン自身と私たちの臭いのついたものを」ということなので、彼のお気に入りの毛布やタオルの他に大好きなぬいぐるみなども渡した。

このペットホテルでは、緊急の場合、即、動物病院と連絡が取れるシステムになっているということで、その点でも安心だった。

一方私たちは、南アへ行くからには、当然のことながら飛行機に乗る。落ちる可能性だって無いとは言えず、またアパルトヘイトが一応は収まったとはいえ治安の悪さは相変わらずで、現地の状勢はまだ安定しているとはいえない。もしも私たちが事故にでもあったら、ゴエモンはみなし子になる。私たちの都合でみなし子にさせるわけにはいかないので、私たちのそれぞれの妹に「もしもの場合のゴエモンの身の振り方」について、しっかりと頼んでおいた。そしてペットホテルにもやはり同じように「もしも」があった場合として、妹たちへの連絡先をメモして渡しておいた。こうしておいてはじめて、私たちは心置きなく南アフリカへ行ける気持になった。

南アでの取材は順調だった。何もかも申し分なかった。

私たちはミニ・アルバムにゴエモンのスナップ写真をファイルして持参していた。一日たりとも彼のことを忘れたことはないし、街で犬を見掛けると、ついゴエモンとオーバーラップさせて「ゴエモンは今頃どうしてるかな」と語り合ったりした。

私営の動物保護区を動き回っていた時のことだ。十頭近いライオンの群れを見つけた。

●ぼくたち、パグ仲間

私たちは天蓋《てんがい》のないランドローバーをライオンの群れから十数メートルの距離に近づけて、停めた。それを群れのリーダーだと思われる大きな雌ライオンがじっと見ていた。

ややあって彼女は一頭だけ群れを離れてスルスルッと忍び寄るように近づいてくると、猫が獲物を狙うように身を屈め、私たちに飛び掛かる姿勢をとった。

ライオンと私たちとの距離は三メートルほどで、車には被うものはないから、ライオンはひと跳びで私たちを襲うことが出来た。

ハンドルを握っているレンジャーが低い声で「動かないで」と言った。私は微動もまばたきもせずに雌ライオンの琥珀色《こはくいろ》の目を見つめ、胸の内で「私はあなたの友だちだよ」と、彼女に語りかけた。ライオンも私の目を見つめた。彼女の目の色と光は、動物園のライオンの目と違って、獲物に接近する時の焦点をしぼった、気迫に満ちたものだった。見つめ合っていた時間は十数秒くらいだと思われるが、私にとって、すごく長い時間に感じられた。ややあってライオンは体を起こし、群れの方へ戻っていった。「私はあなたの友だちだよ」と本心で語りかけた気持が通じたのかも知れない。私には、そう思えた。とはいえ、ライオンが攻撃をやめたよという合図で体を起こした時に、私は初めて、深く大きく息をすることが出来た。圧倒的な威圧感を持つ、間近で見る野生のライオンの目の光だった。

ゴエモンの目とリーダーだと思われるこの雌ライオンの目を同等に見ることは出来ないが、しかし、自分のグループを余所者《よそもの》から守ろうとしている時のゴエモンの目は、この雌ライオンの凄味のある目にかなり近いもののように思われた。いずれにしても、私ども人間の比ではない。

南アフリカも残すところあと二日というその日の夕刻、外出先から戻ると、宿泊しているホテルの部屋にメッセージが入っていた。着信の時間と日本から電話が入っていたということだけで、発信人も何も入っていない。

フロントに問い合わせたところ、メッセージを受けたオペレーターは勤務を終えてすでに帰宅してしまったという。当人への連絡はとれなかった。

翌日、メッセージを受けたオペレーターとコンタクトは取れたが、肝心のことは何一つ聞き出せなかった。

私たちが南アへ来ているのを知っている者はごくわずかで、ましてや泊まっているホテル名まで知っているのは、実家と妹たちくらいのものだった。

「どうしようか」と、私たちは思案した。

南アまで、国際電話を掛けてくるのだ。よほど大切なことに違いない。大切というより重大なことだろう。

人間の頭というのは、こうした時、決して良い方向には考えない。不幸の極《きわ》みばかりに終始する。家族に何かあったんじゃないか、ゴエモンにもしものことが起こったんじゃないか、云々だ。考えられることはこれくらいしかない。仕事に関することは、考えない。

「良い方に転換してみましょう」と妻が言った。起こり得る可能性のある良いことを二人で考え、いくつか拾ってみたが、どれもこれも南アのホテルまで追いかけてくるほどのものだとは思えなかった。

日本のめぼしい先へ電話を入れようかとも考えたが、先方に迷惑をかけることも懸念して、取りやめた。それに明後日には、私たちは帰国する。それまで待とうじゃないか。そしてもしこのメッセージがとてつもなく重要なものなら、きっとまた入るはずだ。

気にはなったが、電話はやめにした。それにしても発信人の名も聞かず、用件も聞かず、私宛に日本から電話があったとだけ伝えるとは、一体どういうことだ。これではオペレーターの役目は果たせない。

その後帰国までどこからも連絡はなかった。常日頃から無神論者である私だが、この時ばかりは何事もないようにと祈り続けた。

成田空港へ着いた私は、真っ先に妹の所へ電話を入れた。家族に変わりはないか、と尋ねた。ない、と妹は答える。ゴエモンには？　ペットホテルから連絡がないから異常なしだろう、という答えだ。妻の妹にも電話を入れる。同じ答えが返ってきた。ひとまずホッとするが、まだ完全ではない。ペットホテルへ電話を入れた。Tさんが出た。

「ゴエモンちゃんは元気ですよ」

明るい返事が返ってきた。他にも数本電話をする。どこにも変わりはなかった。とすると、南アのホテルまで追ってきた私宛の国際電話というのは一体誰からで、何だったのだろうか。狐につままれた思いだが、ついに分からなかった。

心配はさせられたが、ともかく無事で一件落着となった。

翌日、十七日間のペットホテル暮らしからゴエモンが戻ってきた。

「ピンポーン！」とチャイムが鳴って、ゴエモンがTさんに抱かれて戻ってきたのだ。

「ゴエモン！」と声を掛けた。

　ゴエモンがびっくりした顔で私たちを交互に見つめた。竜宮城から舞い戻った浦島太郎《うらしまたろう》のように目をパチクリし、

「ここはどこ？　あなたは誰？」といった顔をした。夢の中にいるような目をしている。ゴエモンにとっての十七日間は、それほどに長いものだったらしい。

　一瞬の空白の後、ゴエモンは自分の前にいるのが誰なのか分かったらしく、鼻声を上げて、尻尾というよりも体全体を振り回して飛びついてきた。

　十七日間の出来事を、短い鼻面を突き出して「ワウワウ」と一生懸命に話す。

「今までどこへ行ってたのさ。寂しかったじゃないか。てっきり僕、捨てられてしまったと思ったじゃないか。悲しかったよ」

　そんなことも言っている。

　ゴエモンはその間の思いを一気に吐き出すかのように飛びつき、鼻を鳴らし、玄関、ダイニング・キッチン、居間、風呂場の間を駆けずりまわる。自分が不在の間部屋に何事もなかったかどうかを尻尾を立て、低い鼻面を床にくっつけて忙しく調べる。

　ゴエモンは細身になっていた。Tさんに抱かれて戻ってきたゴエモンを目にした時、正直なところ「別犬かな」と思ったくらいだった。

　私たちはTさんから、ペットホテルでのゴエモンのことを聞いた。ゴエモンは最初の二日

間、全く食事に口をつけなかった。好物のトリのササミにもチーズにも卵にも見向きもしない。ようやく口をつけたのは、三日目からだという。ゴエモンの楽しみは、一日二度の散歩だけだったらしい。

ゴエモンが瘦《や》せたのはペットホテルの扱い上の責任ではない。環境が一変することによって、犬への精神的な影響がそうさせたのである。Tさんはやさしかったし、「バイバイ」する時、ゴエモンは尻尾を振って彼女を見送り、「ありがとう」と言っていた。

彼女の帰宅後、ゴエモンの体重を量った。十一キロ丁度だった。十三キロ強あった体重が、十七日間で十一キロに減っていた。

その夜ゴエモンはコンコンと眠った。久しぶりで自分の家に帰った嬉しさからか、眠っていても、いびきをかきながら時折尻尾を振っている。

何も動くもののないダイニング・キッチンで、ゴエモンの尻尾だけが勢いよく振れているのだ。夢を見ているらしいのだが、その夢は多分自分の家に戻って、私たちと一緒に楽しく寛いでいる夢ではなかろうかと思われた。ホッとしている様子が、ゴエモンの寝姿にもあらわれていた。

二十三日にペットホテルから帰宅以来、ゴエモンに下痢《げり》が続いた。

食事の後、すぐに排泄する。下痢だった。それまでのゴエモンは、生後三十七日で家へ来てから下痢などしたことはなかったのだ。

今日止まるか明日止まるかと一日延ばしにしていた私たちだが、あまりにも止まらないので、二十七日の夕刻、A動物病院へ連れていった。

「気持の疲れからきたものでしょう」

ゴエモンのことをよく知ってくれているA先生は言った。

注射を二本打ち、飲み薬を一錠くれた。翌日、ゴエモンの下痢は止まった。

ゴエモンの首筋とお尻の上が五百円玉くらいの大きさで脱毛している。ストレスによるものだと思われた。精神面でのショックの大きさだった。

ゴエモンが旨そうに食事をとるようになったのは、家に戻って六日目からだった。

食欲が出てくると体調の戻りに加速がつき、数日後には、体重は旅行前の十三キロになっていた。


光が丘公園へ行くと、プーちゃんとNさんが来ていた。

「先日ねえ、奥さん、私、驚いちゃったのよ」

ごぶさたの挨拶の後、Nさんが妻に言った。

彼女が公園に来るコースの途中にペットショップがある。Nさんも日頃から利用し、時折立ち寄るのだ。

先日偶然に寄り道をしたところ、正面のハウスにゴエモンそっくりの犬が入っていた。そこで思わず「あ、ゴエモンちゃんみたい！」と言ったところ、お店の人がにっこりして、「ゴエモンちゃんですよ」と言ったという。

「いや、もう、びっくりしちゃって」

とNさんは、その時のことを思い出して、そう言った。

「で、ゴエモン、どんな様子でした？」

妻が聞いた。ペットショップの人だけでなく外部の人からありのままの姿を聞くのもまた参考になる。

「しっかりしてるのよねえ、ゴエモンちゃんは」

Nさんは遊んでいるゴエモンに、目を和ませた。

「私も時々家を空《あ》けることがあるので、あのペットホテルに預けるの。するとうちのプーちゃんはすぐにハウスの奥の隅っこに行ってじっとしてるの。お店の方に聞いても、プーちゃんはいつも奥の隅っこでじっとしてるんですって。大抵の犬はそうらしいのよ。環境が変わるとそうなるのかしら？　でもゴエモンちゃんは堂々としてた。奥ではなくて正面の一番前で、ドーンと前足を広げて天井を見てた。全然遠慮なんかしてない。恐《こわ》いものなんかない、って顔だったわ。お店の方に聞いたけど、そうなんですって。凄いって、感心してたわよ」

「そうでしたか」

いじらしい気がした。ペットショップの人ではないNさんから聞いただけに嬉しかった。ゴエモンの真の姿を目にした思いになる。

ゴエモンは臆することなく、堂々としていたのだ。それを彼自身の口から言わないだけに、余計にいじらしい。脱毛や下痢が証明するほどの過度のストレスがあったにもかかわらず、ゴエモンは一切それを表に出さなかった。

「僕は迎えが来るまで堂々と待ってる」と、言いたかったのか。

「ゴエモンちゃん、凄かったんだから」

Nさんはその時のゴエモンの姿を瞼《まぶた》に思い浮かべるようにして、感動そのものの言葉でしめくくった。

公園を出ての帰り道、ゴエモンの走りがどこかぎこちない。調べてみると、両方の後足の裏が擦り切れて出血している。蹴り足が強いだけに一層そうなるのだろうが、私たちといる時には、ゴエモンはいつもかなりの時間をかけて走っていた。ところが南アへの取材に出た為にペットホテル内での生活が長くなって足裏がすっかり柔らかくなり、堅い路面に対応出来ずに擦り切れてしまったのだ。久々の走りで、ゴエモン自身が張り切りすぎたところもある。そういえばマーキングにも伸び伸びとしたものが感じられた。

走りながらふと振り仰いで目が合うと尻尾を振ってみせるゴエモンは、

「さんにん一緒にいるのが一番幸せ！」

と言っているように、私の目には映った。

季節と共に

玄関脇の庭でブラッシングしていて気がついたのだが、ゴエモンの体に数ヵ所、湿疹《しっしん》が出来ている。赤い小さな斑点がある。たいしたことではないと思うが、やはり気になる。

私自身のことで恐縮だが、季節の変わり目、特に春先になるとここ数年、湿疹が出来る。ついでに花粉症というおまけつきだ。春が過ぎるといつの間にか治ってしまうので、いつもそのままにしてほうっておく。病院へ行っても「体質ですねぇ。自然に治るのでしたら別段気にするほどのことでもないでしょう」と医師は気楽な顔で言ってのけるので、私も気にしないことにしている。

が、ゴエモンのことになると、そうはいかない。初めてのことだし、相手が症状をしゃべらないだけに気になる。

私個人なら多少のことでは病院へは行かないが、ことゴエモンのことになると、目にほこりが入って充血しただけでも病院へ走る。

早速動物病院へ連れていき、診察の後、注射を打って貰った。ゴエモンは注射が嫌いだ。一本目は良いが、二本目になると、

「一本だけでいいって言っただろ！」

という恨《うら》めしげな顔をする。そんな時私は、

「お父さんは注射、大好きだよ」

と、にこやかに言ってやる。

「布団針、畳針みたいな針だって平気だぜ」

「そんなの、嘘にきまってる」

ゴエモンの目は私を見つめてそう言っている。

「嘘か本当か、お母さんに聞いてみろ」

先生が笑っている。妻が笑い出す。

「本当ですか？　奥さん」

先生がゴエモンの注射の箇所をさすってやりながら聞く。

「嘘ですよ、大の注射嫌いです。注射のある日なんか朝から無口になってるんですから」

「私も注射は苦手ですね、痛いから」

笑顔で先生が答える。

「結局のところ、ゴエモン君はお父さん似ってとこですか」

確かに私は注射が好きではない。針先が私を見る時、「絶対に痛いからな」と囁《ささや》くのが気に入らない。ある時、都立病院で採血の折りに年輩の看護婦さんに、

「注射好きの人っていないでしょうね」と、自信を持って尋ねたところ、

「いや、いますよ」

意に反した答えが返ってきたことがある。

「そんな人、いるんですか」

「いますね」

「どんな人ですか、その人」

「年輩の方です、時々ですが」

「時々というと、複数ですか」

「複数ですね」

採血している最中だし、他にも私の後ろに患者さんが控えているのでそれ以上突っ込んだ質問は出来なかったが、世の中には信じ難い人も実際にいるらしい。新しい驚きだった。

「ゴエモン、注射に慣れるためには、まず注射を好きになることだ」

私は帰り道、都立病院の看護婦さんから聞いた言葉を思い出して、愛用の自転車の前籠に座っているゴエモンにそう話してやった。

スイミングスクールの仲間に六十代初めのWさん御夫妻がいる。揃って水泳熱心で、特に御主人の方はマスターズで幾つもメダルを貰っているほどの熱烈なスイマーだ。

お住まいは光が丘公園脇のSデパートに近いマンションの最上階で、緑地帯の遥か向こうに西武《せいぶ》の所沢《ところざわ》球場が望まれる。

所用でWさん宅を訪ねた。ゴエモンの散歩の途中でもあり、玄関先ですぐに失礼するつもりで伺ったのだが、

「まあ、ちょっとくらいいいじゃないですか」

にこやかな押し問答の末、

「少しだけ」お邪魔することになった。

御夫妻共「犬が好き」ということで、ゴエモンは帰るまでベランダで待たせることにした。

四月三日の午後五時半過ぎのことである。

十四階の上から眺める満開の桜は実に見事で、桜並木は淡いピンクの雲のように見える。日中は暖かかったが、夕方ともなるとさすがに空気が冷えてくる。パグは徐々にくる冷え込みに弱い。Wさん御夫妻もゴエモンの体を気づかってくれた。

そこで言葉に甘えて、手足を奇麗に拭いた上で、ベランダから一段高い、硝子戸で仕切られている内側の、四十センチ幅の板の間にゴエモンを上げた。ゴエモンが座る狭い板の間は

部屋の縁《へり》に当たり、私たちが座っている畳部屋とは続きになっている。

「まあ一杯」ということで、私たちはヤキトリと枝豆で、ビールを御馳走《ごちそう》になった。

ゴエモンには、その場で「お座り」「待て」をさせている。私たちがビールを飲み、ヤキトリを食べていても、四、五十センチしか離れていない所にじっとお座りをしているゴエモンは、決しておねだりをしない。私たち四人が雑談しているのをおとなしくじっと見つめ、会話に耳を傾けている。

「ヤキトリ、食べるか？」

Wさん御夫妻に断わってから、私はゴエモンに声をかけた。

「食べる」と、ゴエモンが尻尾を振る。ヤキトリはゴエモンの大好物の一つだった。

私は一串分を串から抜き取り、タレを拭き取ってから、ゴエモンに与えた。

「旨い！　とってもおいしい！　最高だよ！」

ゴエモンが目をキラキラさせて、旨そうに食べる。私たちはまたビールを飲み、水泳談義をやり、ヤキトリをつまんだ。

ゴエモンはそこにいるのかどうか分からないほど静かに言われた通りの「お座り」「待て」をして、じっとしている。ほとんど、というより、全く動かない。

「ゴエモンちゃんはお利口さんねえ。ちゃんと言葉も聞き分けるし、たいしたものだわ」

奥さんが言った。自分に向けられている言葉が分かるから、ゴエモンは奥さんを見つめて尻尾を振った。言葉の理解力は、いつも一緒にいて話しかけている成果だと言えた。

「人の子よりもお行儀がいいですね」

これは御主人だ。「そうだよ」というように、ゴエモンが正座したままで尻尾を振る。

「ゴエモンちゃんはヤキトリが好きなのね、もっとあげて頂戴」

ゴエモンの気持を察して、奥さんが言ってくれた。私はもう一串ゴエモンにプレゼントした。

「おいしいな。僕、お行儀良く座ってて良かったと思うよ」

ゴエモンが尻尾でそう言った。

水泳談義をやっていると、あっという間に時間が経ってしまう。それというのも四人とも同じプールで泳ぎ、大会に出ているからだ。

話に熱中していて気がつかなかったのだが、ふとどこかでピチャピチャと音がする。

四人の目がゴエモンに注《そそ》がれた。ヤキトリを食べて喉が渇いたのだろう、ゴエモンが四十センチ幅の床の端に置いてある鉢植えの下敷きの皿から植木の水を飲んでいたのだ。

みんなの目が自分に注がれていると分かると、ゴエモンは四人を見つめて、照れたように尻尾を振ってみせた。

「僕、喉が渇いたからさ、水が飲みたくて。みんなの邪魔、したくなかったから」

目と尻尾がそう言っている。

●「おすわり！　待て！」

妻が常備しているプラスチックの器に水を貰い、ゴエモンに与えた。ゴエモンが喉を鳴らして、たっぷりと飲んだ。

「本当にお利口なゴエモンちゃんね。こんなに賢いワンちゃん、見たことないわ。しつけがいいのね」

　奥さんが感心した声で褒めてくれた。飼い主にとって、これほど嬉しい言葉はない。御馳走になった上で、最高の褒め言葉までいただいたのである。

　私たちはお二人の言葉に甘えてついつい二時間以上もお邪魔してしまったが、お世話になったこととは別に、私たちは一つの大きな収穫を得た。それは私たちがお邪魔している間中、ゴエモンが命じられた通りに「お座《すわ》り」「待て」をして四十センチ幅の板の間から一歩も畳の間へ出なかったばかりか、植木の水を飲んだ以外は、じっとその場から動かなかったことである。「お座り」「待て」の出来るゴエモンを信じてはいたが、二時間以上も動かずにいたことに、驚きと共に感動を覚えた。その間勿論、おしっこもしていない。

「ゴエモンちゃんは本当にお利口さんだわ。ゴエモンちゃん、また遊びにきてね」

別れ際、Wさんの奥さんは最大級の言葉をゴエモンにくれた。

高校二年の時だが、友だち三人で夏祭りに出掛けたことがある。祭りの場所まで二キロ半ほどあり、私たちは厚歯の下駄をはいて、カランコロンと心地良く風に吹かれて歩いていた。午後の日差しがまだ残っている時刻だった。メイン通りには夏の夕暮れが近いこともあって、人が出ている。

ふと見ると私たちの前三十メートルほどのところに中型よりやや小柄、といった一頭の薄茶色の犬が歩いていた。どこでもよく見かけるタイプの雑種犬で、耳は半立ち、尾を立ててスタスタと歩いている。どちらかといえば、やや太りぎみだといえた。

歩の運びと速度が同じくらいなので、私たちはその犬の後姿を眺めながら歩いていたのだが、ほんの軽いジョークのつもりで、私はその犬の後姿に、

「あの犬、旨そうだな、食っちまおうか」

と呼びかけた。たわいない冗談の一言だったが、その途端、今までスタスタと後も振り返

らずに歩いていたその犬の耳がピクッと動くのが分かった。次の瞬間、犬は足を止め、くるりと振り返ると、その場に四肢を突っ張って仁王立《におうだ》ちといった格好で私を睨《にら》みすえ、「ウウウ……！」とドスの利いた唸り声を上げた。私たちは彼の迫力に圧倒されて足を止めた。犬が睨んでいるのは三人並んでいるうちの私だけで、他の二人には目もくれていない。

犬は低い唸りで三十秒ほど私を威圧した後「これくらいでいいか」とばかりにようやく正面に顔を戻し、さきほどと変わらないペースでスタスタと歩きだした。彼の堂々とした後姿には「今度あのようなことを言ったら、絶対に許さないぞ」という毅然《きぜん》とした素振りが見えた。犬に言葉が分からなければ私の声と同時に振り返ることはなかったはずだし、大声を出した訳でもない私を見据えて、唸ることもなかったはずだ。

私たちの小声が聞こえる度に犬は耳をピクッとさせて何をしゃべっているのかチェックしているふしが感じられたから、私たちは彼が近くにいる限り、しばらくの間、言葉をつつしむことにした。

あれから数十年経っているが、私はその時の犬の表情と行動の一部始終を、今なお忘れることが出来ない。

犬はいつでも人の言葉を聞いている。

Wさん宅からの帰り、光が丘公園の前を通ると園内は夜桜見物の人たちで祭りさながらの賑わいを見せていた。

　人波をぬって桜を眺めながら歩くと、

「やあ」と声をかけてきた人がいる。知人のFさんだった。町会の「夜桜を見る会」で来たのだという。すでに十数人が集まって、宴会をやっていた。ビールを御馳走になって、彼らよりも早めに引き上げたが、帰宅するとゴエモンの両目は真っ赤だった。

　夜のことで昼間ほど目立たないが、どうしても公園を埋めた人々の動きでかなりの土ぼこりがたってしまう。その為、人よりもずっと目線の低いゴエモンの大きな目に砂ぼこり、土ぼこりが入ってしまうのだ。涙でそれを押し流そうとするから目ヤニが出る。ゴエモンにとってこんな不幸はこれが二度目だった。

　翌日、動物病院へ行った。

「じゃあ、この二種類の目薬を朝夕忘れずにさしてあげてください」

　A先生は、いとも簡単にそう言った。

　良くなるのに一週間ほどの日数がかかる。その間、「嫌だよ」と突っ張り「ワウッ！」と嚙む真似をして阻止しようとする目薬嫌いのゴエモンを宥《なだ》めすかして点眼するのだから、妻の苦労も並大抵ではない。額に汗どころか、全身に汗びっしょりだ。この「戦い」の様をA先生はお気付きではない。

「心の安らぎが得られるのはいつのことかしら、ゴエモン？」

戦い終えて、妻が言った。目薬が終ってほっとしているゴエモンが、椅子の上からにこやかに尻尾を振った。

「そんなの、当分ないと思うよ、申し訳ないけど」

ゴエモンの尻尾はそう語りかけているように見えた。

この季節、ゴエモンの毛がかなり抜ける。胴震いしただけでも毛が飛び散る。スリッカーを当てると、バサバサ引っ掛かってくるほどに抜ける。長毛種の犬がバサバサ抜けるのなら分かるが、パグがこれほどの量で抜けるとは思わなかった。とにかく、かなりだ。ブラッシングした後は脱毛した毛をビニール袋に入れて処分するが、袋にはかなりの量がたまる。パグでこの脱毛だから、シェルティをはじめとする長毛種になると大変な量だろう。

室内犬だけに、毛替わりのこの時期、掃除機はフル回転である。

いつものように公園に行きひと走りした後ベンチで休んでいると、三人連れの女子高生が通りかかった。口々に「超可愛い！」と言って、笑顔をくれた。私たちはゴエモンに代わって心から「ありがとう」と応えた。女子高生たちが去って間もなく幼稚園児の一団が先生に引率されてやってきた。早速ゴエモンを見つけて駆け寄り「わぁ、可愛い！」を連発してくれる。その度に私たちは「ありがとう」と応えた。「可愛い！」の声に混ざって、一人の女の子の甲高い声が響いた。

「わぁ、うちのママみたい！」

ゴエモンの顔を覗き込んで言ったのだ。

かなりの大声だった。先生も笑った。私たちも、周りの園児たちも笑った。

「ママに似てるの？」

その子に話しかけた。

「似てる」

こっくりと頷いて、その子は真面目な顔で答えた。

やがて園児の団体はざわめきと笑顔を残して通り過ぎた。私はしみじみとゴエモンの顔を眺めた。

「何だい？」という目でゴエモンが見返す。

「なあゴエモン、あの子のお母さん、ゴエモンに似てるんだって」

ゴエモンが目で私に囁いた。

「僕に似てて、おかしいかい？」

「おかしくないよ、チャーミングだよ」

「そうだろ。なら、何で笑うんだ？」

「愛敬があって可愛いからさ」

「ゴエモンに似てるってことは、可愛くってみんなを楽しくさせてくれるってことなの」

妻がフォローした。ゴエモンが妻を見上げて、納得したように尻尾を振った。

私はまだ笑っていた。ゴエモンは可愛い。表情豊かで、愛らしい顔をしている。実に愛くるしい。見る人誰しもが微笑んでくれる。しかし一方ではゴエモンはお団子のように丸顔で目が大きく、額に太いしわがうねっていて、鼻が低い。顔も炭をまぶしたように黒い。

ゴエモン似のママって一体どんなママなのだろうか。あの子のいる家庭は明るくて、いつも元気な笑い声があふれているに違いない。

女の子の表情から、私はそう思った。

記憶

二月五日。ゴエモン、九ヵ月と九日目である。光が丘公園の水飲み場の所へ率先して走る。水が飲みたい時には、いつでもそうだった。

プラスチックの容器に汲んで、「お座り」「待て」をさせてから「よし」で飲ませる。ゴエモンは飲みたくてウズウズしていても「よし」の声が掛かるまでは、体を震わせながらも、じっと静止して待っている。

「お利口さんだね、ワンちゃん。〇〇ちゃんも、お行儀、見習わなくちゃ」

幼児連れの若いお母さんの声だった。

私たちは笑顔で会釈をした。お母さんも、にこっと笑顔を返す。

「よし」

ゴエモンに声を掛けた。大喜びでゴエモンが飲む。飲み終えたところで、芝生の広場へ足

を向けた。幸いなことに、見渡せる範囲内に犬は見当たらなかった。

現在のゴエモンはもう子供には興味を示さなかった。子供がいると避けて通るし、近づいてくると、迂回《うかい》して歩く。

「人間の子供は僕より幼いから」と言っている顔だ。幼児は勿論だが、小学生にも見向きもしない。私たちとしてもその方が安心だった。

広場の中央まで行った。ゴエモンのリードは背中にたくし上げて結んであった。私たちの前、五、六メートルの所をゴエモンが歩いていた。そのゴエモンが、不意に足を止めた。首を上げて、左を向く。私たちも何げなく左を向いた。遥か遠方に一人の中年の女性の姿が見えた。どちらかと言えば、私たちに近づきぎみに歩いてくる。百五十メートルほど離れていた。

突然、ゴエモンが走り出した。体をうねらせ、弾ね上がるようにして全速力で女性の方へ走る。その時はじめて、女性の近くに一頭の犬が歩いているのに気がついた。

私たちはゴエモンを追った。ゴエモンの速さは、私たちの比ではない。

「ゴエモン！」と呼んでも、振り返りもせずに走る。ゴエモンの走りは真剣そのもので、いつもの遊びの走りでないものがあった。私たちは息を切らせて後を追った。

女性の近くにいた犬が顔を上げて、全速力で近づいていくゴエモンを見た。ハッとした強《こわ》張《ば》りが、その犬の全身から感じられた。あっという間に接近すると、ゴエモンはその犬に勢いのままで体当たりをした。相手の犬がはねとばされて、悲鳴を上げて一回転する。

逃げまどう犬を、飼い主が両手で支えて高く持ち上げた。彼女の顔よりも高く持ち上げられた相手めがけて、ゴエモンが凄まじい唸り声を上げてジャンプする。何とか嚙みつこうと、三回四回と反動をつけて垂直跳びのジャンプを繰り返す。怯《おび》えきった相手が飼い主にガードされているにもかかわらず、腕の中でガタガタ震えているのが分かる。

追いついた私はゴエモンを抱き止めた。息が切れた。ゴエモンが「放せ！」とばかりに身もだえする。

ゴエモンが怒りをぶつけた相手は、ゴエモンが生後四ヵ月の幼い頃に度重なる嫌がらせを受けた、シーズーのボスだった。その頃のゴエモンはどんな犬を見ても尻尾を振って「遊ぼ、遊ぼ」と言っていたし、犬たちが遊んでいると、遊びの輪の中に入りたがっていた。大抵の犬たちはゴエモンを受け入れてくれたが、この大柄なシーズーだけは別だった。幼いゴエモンをグループの犬たちと遊ばせようとしなかったばかりか、何かにつけて敵対視した。グループの中の一、二頭がゴエモンと遊びはじめると、目ざとく見つけてさっと近づき、「お前には絶対に遊ばせない」とばかりに唸りかけ、牙をむき出して、四ヵ月のゴエモンを遊びの輪からはじき出す。見ていて不愉快きわまりない、弱い者、幼い者いじめの構図であり、悪どいほどの底意地の悪さであった。

私たちにはこのシーズーの仕打ちに「どうして？」という疑問と共に、それでも「遊ぼうよ」と尻尾を振り続けているゴエモンが哀れでいじらしく、胸が痛くなったものだった。こんなことが幾度か続いてからは、このシーズーのいるグループには、近づかないようにしていた。ゴエモンの気持を察するとたまらなかったからであり、ゴエモンの将来に決して良い影響を与えないと思ったからである。

　そしてゴエモンが九ヵ月に成長したこの日、久々に、偶然にもこのシーズーと出くわしたのだ。ゴエモンは相手を忘れてはいなかった。私たちよりも記憶は激しく、確かだった。怒りは凄まじかった。私に抱き止められてもその手を振り切って向かおうとする。全身の毛をハリネズミのように逆立て、喉の奥でこれが生後九ヵ月のパグかと思うほどの凄まじい声で怒号する。

　高々と抱き上げられたシーズーは怯えきり、大柄な体を小刻みに震わせ、恐怖にすくみ上がっている。かつてのあの傲慢さと尾を振り上げた威圧の顔はどこにもなかった。弱い相手や幼い相手には強く、強い相手には限りなく卑屈になるタイプの人間を見ているような気がした。

　抱き上げている中年女性も青ざめている。

　私たちがゴエモンを押さえると、

「うちの犬は何もしていないのに！」と、苦情をもらした。確かに、今日に限っていえば何もしていない。だがそれは今日に限ってのことで、過去にゴエモンにうんざりするほどの嫌がらせをしてきた。それを彼女が忘れ、ゴエモンが忘れてはいなかったということだ。

私はこの場でのゴエモンの非を詫《わ》びておいたが、ゴエモンを咎《とが》めだてする気はなかった。ゴエモンの怒りは当然だと思う。


相手がいなくなると、ゴエモンの気持も徐々におさまってきた。いつものゴエモンに戻った。遠くでこの様子を目撃していたプーちゃんのお母さんのNさんと、マルチーズを連れた奥さんがやってきた。私は尋ねられるままにこれまでのいきさつを、正確に、かいつまんで話した。二人とも頷いていた。


「ゴエモンちゃんは理由もなしに相手にとびかかるワンちゃんじゃないものね」

ゴエモンの性格をよく知ってくれているNさんが言った。

「記憶がいいのねえ、すごい記憶」

これはマルチーズの奥さんだ。

「『三《み》つ子《ご》の魂《たましい》、百まで』って言うのかしら。たとえワンちゃんでも軽はずみなことは出来ないってこと、教えられたわ」

ゴエモンはもうそのことは忘れたかのように自分より小さいマルチーズと尻尾を振りながら遊んでやっていた。

豪胆《ごうたん》といえるほど、ゴエモンの神経は太い。地震だろうが雷だろうが、ゴエモンは驚かな

●あっ、あれは何だ？

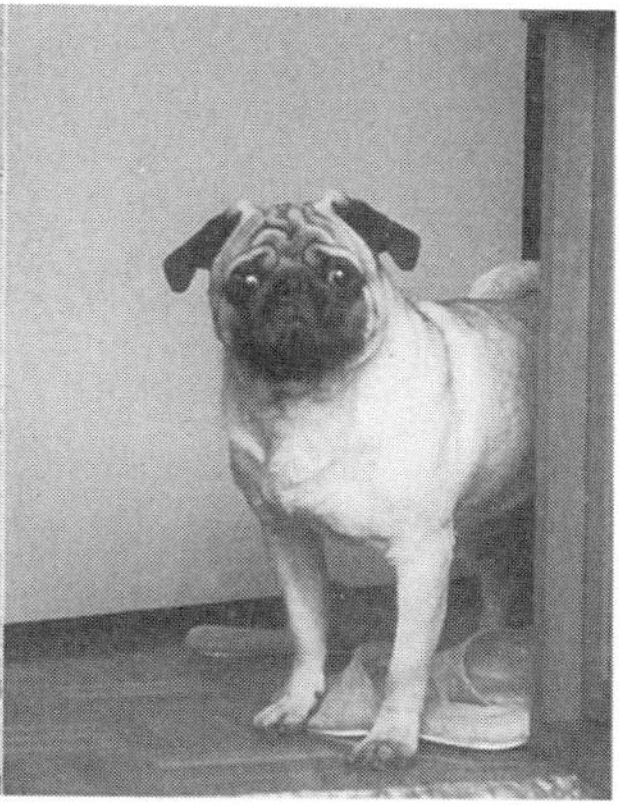

●あやしい奴、出てこい！

い。天井から吊り下げられているシャンデリアが震度四の中震で揺れても平然としているし、家屋に響く雷が鳴っても動ずる様子はない。「うるさい奴だな」といった程度の表情で、音の方向を見つめるくらいのものだ。

　ところが一度だけ、実に物凄い雷が鳴ったことがある。叩きつけるようなドシャ降りがきて、すぐさま「ドシーン、ガラガラガラ、ドドーン！」ときた。地響きを伴うほどの奴で、雷嫌いな人間なら失神してしまうほどの雷鳴だった。家の傍《そば》に落雷したんじゃないか、次は我が家に落ちるんじゃないかと一瞬冗談抜きで思ったほどの、ゾッとさせる雷である。「ドドーン！」ときた時、パッとゴエモンは立ち上がった。首筋から肩にかけての毛を逆立て、尻尾を堂々と巻き上げて唸り声を上げた。次に「ガラガラガラ、ドドーン！」と我が家を震わせたとみるや、ゴエモンは四肢を踏みしめて、ダイニング・キッチンから一気に玄関へと走った。凄い気迫だった。

「ウウウ……ワウ!」

ゴエモンは玄関の上がり口に四肢を張って力強く立つと、ドアの方に顔を向けて喉の奥を鳴らし、怒りを込めた声で唸った。

「あやしい奴、出てこい！　僕が相手だ、嚙んでやる!」といった、顔と全身の表情だ。

ゴエモンはあやしい奴は必ず玄関のドアを開けて入ってくると思っているから、外と内を仕切る扉を睨《にら》んで仁王立ちになっている。

やがておさまり、静かになった。

「ゴエモン、ありがとう。もう大丈夫だよ、雷さんは行っちゃったよ」と声を掛けても、

「また来るかも知れない。僕がもう少し見張ってる」というふうに、私の声にちらっと尻尾を振って、背毛を逆立てたまま、すぐさま表情を引きしめて扉を睨む。逆立った毛はまだ警戒を解いていないことを示している。

ゴエモンはそれからさらに数分間も玄関の上がり口にたたずんで、扉を睨んで動かなかった。

ゴエモンには、私たちを「守るんだ!」という様子がありありと出ていた。小さな体を張って戦ってくれているその姿に、けなげなものを感じた。

「ありがとう、ゴエモン」と、私は言った。

私たちもゴエモンを守ってやりたい。私たちは家族なんだ、という強い絆《きずな》を、私は感じた。

四月十日の午後のことだった。

私たちはゴエモンといつもの光が丘公園へ出掛けた。普段は芝生のある方だが、この日は立木の多い場所である。

いつもなら私と妻が四、五十メートル離れて左右に立ち、呼び合ってゴエモンを走らせる遊びをするのだが、この方法ばかりではゴエモンも飽きてしまう。そこで遊びを彼の大好きな黄色いテニスボール投げに切り替えた。このボールだと歯に引っ掛かりが出来るので面白いらしく、大喜びで、全速力で追いかけるのだ。

四度目くらいのところで、私は目先を変えて別の方向へ投げた。二本の木が十二、三メートル離れて立つその間を狙って投げたのである。距離は三十数メートルだ。

ゴエモンは、「待ってました」とばかりにダッシュして、追いかけた。ボールは狙い通りに樹木間の中央に向かってバウンドしていく。

ところが、バウンドしたボールが半ばまで転がったところで何かにぶつかったらしく小さく弾んで左側に跳ね上がり、方向を転じて直径四十五センチほどもある樹木のど真中へと寄っていった。それを追って、しゃにむにゴエモンが突進する。

危い！　と思った時にはすでに遅く、テニスボールだけを見つめて全力疾走していたゴエモンは、十四キロの全体重を頭に乗せて、相撲のぶちかましさながらに真一文字に木の幹に激突していたのである。

「ゴエモン！」と呼びかける間もなかった。「ガツン！」という鈍い音が、離れている私たちの所まで伝わってきた。

「ギャウン！」と、ゴエモンは呻《うめ》いた。悲鳴ではなく、衝撃のあまりの呻きだった。

ぶつかった球が弾かれるように、ゴエモンはヨタヨタッと四、五歩、後退った。四つ足を踏ん張ろうとしているが、踏ん張りきれないでいる。酒を飲み過ぎた男が足をもつれさせている、といった感じの千鳥足《ちどりあし》だ。

バランスが定まらないらしく、右に左に体がふらつく。

「ゴエモン、大丈夫か!?」

大慌てで、私たちは駆け寄った。

声と足音に、ふらりとゴエモンが振り返った。微《かす》かに尻尾を振ってみせる。弱々しい振り方だ。尾を振りながら、ふらついている。

「大丈夫かどうか分からない。頭がボォーッとして、目が回っている。頭、割れたかも知れない。星がいっぱい飛んでるし」

といった尾の振り方である。激突の音が離れていた私たちのところへまで響いてきたくらいだから、並大抵のぶつかり方ではない。

「ゴエモン、お顔を見せてごらん」

もうろうとしているゴエモンを引き寄せると、両脇を持ち上げて顔を見た。並の犬なら目よりも鼻面が先に出ているが、パグの場合はめり込んだ鼻面よりも目の方が前に出ている。だから何よりも大きな目が心配だった。

ゴエモンは右目を半眼にし、左目で私を見た。半眼の目はほとんど閉じている。目の他に低い鼻を痛々しく擦りむき、右頰に血を滲ませ、右目のすぐ上にも擦り傷があって、血が滲んでいた。ゴエモンはまだ一歳にもなっていないのに失明でもさせてしまったら、この責任、どうしようかと内心青ざめた。かかりつけの動物病院は午後の診療は五時からで、まだ一時間以上も先である。

ゴエモンが歩きはじめた。とりあえずは大丈夫らしい。ということで、少し様子を見てみようということになった。そうこうしているうちに、徐々にだが、ゴエモンに元気が出てきた。ありがたいことだった。

独眼竜《どくがんりゅう》政宗《まさむね》か柳生十兵衛《やぎゅうじゅうべえ》のように、ゴエモンは左目だけで動き回る。擦りむけた鼻面をたえず舌で舐める。

激突した木のことをどう思っているだろうか。私はテニスボールを先ほどの木の近くへ転がしてみた。ゴエモンはボールを追って小走りに駆けて行ったが、ボールが木の根の方へ転がると、彼は木の手前五、六十センチほどの所でぴたりと足を止めた。そこから先へは、一歩も動かない。何度か繰り返したが、同じだった。

「この木は危険なんだ。僕は近寄らないことにする」と言っているのが、はっきりと分かった。痛い目にあったが、ゴエモンは貴重な体験学習をしたのだ。

病院で診《み》て貰った結果、角膜には傷がついてないことが分かった。目の傍を強打しており、あと少し右にずれていればどういう結果になっていたか知れない、と先生は言った。

万が一を考えて、目薬をさした。幸いにして、結果は良かった。

今回のたわいない遊びから、アクシデントはいつどこで起こるか分からないということを、実際問題として私たちも体験した。

ところがこの怪我が完治してまもなく、ゴエモンはまた目を傷つけた。今度は左目である。散歩の途中にツツジの植込みがあり、この日は運の悪いことに緑の葉が刈り込まれたばかりで、尖った枝先が下から上に鋭く切り上げられていた。そこにうっかり顔を寄せたのである。

鼻面の長い犬種なら鼻が目をガードしてくれるので問題はなかったはずだが、何度も言うようだが、パグの場合は目の方が鼻よりも前にある。

ツツジの植込みに顔を突っ込んだ途端にゴエモンは「クウン！」と鳴いて跳び退り、顔を振った。下がり方が妙だった。リードを持つ妻も気をつけてはいたのだが、瞬間的なことでどうしようもなかった。

少し目をしょぼつかせたがさほど気にするほどでもないようなので大丈夫だろうと放っておいたところ、翌朝になると左目を半眼にしている。またもや動物病院へ直行だった。

「角膜が少し白っぽくなってますね」

と、先生は言った。

「恐らく枝にでも触れたんでしょう」

「黒目の部分が白くなるとか、悪くすると失明するとかの心配はありませんか」

「大丈夫だと思いますけど、ひどくなると、その可能性はあるんですよ」

「ゴエモンは大丈夫でしょう？」

私たちの心配げな顔を見て、先生は笑顔になった。

「多分、大丈夫でしょう。少し時間はかかりますけど」

治療の後、いつもの二種類の目薬をくれた。これを朝夕の二度、さすことになる。

家へ帰ってからもゴエモンはじっとしていない。自分用の玩具をくわえて振り回す。周りに何があっても気にしないから、時々頭を階段やドアの隅にぶつけたりする。本人は気にしないが、見ている私たちの方がハラハラする。自分よりも大きなゴリラのぬいぐるみを投げとばし、叩きつけて、

「どうだ、参ったか。僕のパワーはこの程度じゃない！」という顔をしてみせる。

「どこかにゴエモンの頭がすっぽり入ってしまうような剣道のお面みたいなものがないかなあ。そうすれば気苦労ももう少し少なくてすむんだが」

私はゴエモンを眺めて、溜息をついた。これこそ本音だった。

ゴエモン、お散歩、行こう！

四月十三日、私たちはゴエモンを連れて板橋区の赤塚出張所へ出掛けた。狂犬病の予防注射と登録のためである。

予防注射は駐車場の一角でおこなわれた。

保健所の職員たちに混じってにこやかに仕事をこなしているのは、ゴエモンが掛かりつけの動物病院のA先生だった。

ゴエモンは思いもよらないところで白衣を着たA先生を見て、

「え？　嘘だろ？」という顔をした。

「やあ、ゴエモン君」と、先生は微笑する。

「僕、帰る」と言うなり、ゴエモンはクルリと先生にお尻を向けたが、

「まぁまぁ、そう言わないで」

と、捕まってしまった。

「注射は嫌だって言ってるだろ」と唸ったが、もうどうしようもない。

「人と犬が仲良く生きていくための規則だからね、ゴエモン」と、妻がゴエモンを慰める。

注射と登録を済ませて「登録と注射済票」の「犬」と書かれた赤いステッカーを受け取った。これでゴエモンは公《おおやけ》に市民権を得たことになる。

注射の時は別として、ゴエモンはA先生御夫妻が大好きだ。散歩の時など動物病院の近くを通ると、必ず「ご挨拶していく」と言って、入口のドアの所でクンクンする。遠くからでもどちらかを見つけると大急ぎで駆け寄って、尻尾を振ってご挨拶だ。

夜、ゴエモンを抱き上げて体重計に乗せてみると、十四・五キロある。ゴエモンの体格からすれば太目だとはいえないし、運動量もたっぷりだが、太るとどうしても心臓に負担がかかりやすい。スタミナにも影響する。

そこで朝夕二回の食事の量を三分の二以下に減らした。現在でもドッグフードは一回分が軽めの一カップだから、並みのパグの分量よりも少ない。それをさらに減らして、減った分だけ野菜を多めにして補った。牛乳は七〇～八〇ccくらいだ。

「少しくらい太目でも僕は気にしないよ」

とゴエモンは食器を覗いてそう言ったが、私たちはこれも全てゴエモンのためなのだと納得させた。生後十一ヵ月と十六日目のことである。

四月二十五日。じっとしていても汗が滲《にじ》むほど暑い日となった。

赤塚新町公園にはコンクリートと石で縁《ふち》どられた広い池があり、浅い水が流れている。

ゴエモンは早速自分の肘《ひじ》までくる水に飛び込んで、しぶきを跳ね上げて走り回り始めた。

石積みの高さは三、四十センチだが、ゴエモンにとってはこんな高さなどものの数ではないらしく、始めこそ高さや足元の滑りを確かめて慎重だったが、慣れてくると、走りながらの跳び乗りや走り跳び降りをやってみせる。そして、

「今のジャンプ、見た？」という顔で私たちを見つめて、目が合うと、尻尾を振ってみせる。

あまりにダイナミックな走り飛び込みをするので、見ている方がハラハラする。

飛び込む度に水がバシャッ！　と跳ね上がるのが面白いらしい。

ひとしきり遊んだ後、ベンチでひと休みだ。

散歩の途中らしい中年の男性が、にこにこ顔でゴエモンを撫でる。ゴエモンも相性がいいのか、尻尾を振ってそれに答える。

「きっと犬の臭いがするんですよ」

と、その人は言った。家にシェパードを飼っているのだという。ゴエモンに手を触れて、毛並みと手入れの良さを褒《ほ》めてくれた。

ゴエモンが暑そうにしている。水が飲みたいんだ、と表情で言っている。ベンチから水飲

み場まで三、四十メートルほどの距離だ。

「よし、ゴエモン、水を飲みに行こう」と私は言った。分かって、ゴエモンが立ち上がった。隣りの男性に一言ことわりを言ってから、ゴエモンをベンチから降ろした。赤いリードはゴエモンの背中で結んである。

降ろされるや否や、ゴエモンは一目散に、水飲み場へ走り出した。よく利用させて貰っているだけに、ゴエモンは公園内のことは熟知しているのだ。

樹木や植木などが深々とあって、ベンチからは水飲み場は見えない。

ゴエモンの後を追っていくと、水飲み場には六、七人の小学生がいて順番待ちをしており、一番遅く行ったゴエモンが小学生たちの輪の後ろに座って、自分の番がくるのをおとなしく待っていた。

「わあ、可愛いんだ！」

五年生くらいの女の子が三人、ゴエモンに手を触れる。先の子がゴエモンに蛇口を譲ってくれた。ゴエモンが尻尾を振りながら、流れ落ちてくる水に口をつけてガブガブと飲む。飲み終えて、彼らを見て、また尻尾を振る。

「この犬、賢い。今まで見た犬の中で、一番賢い」

ゴエモンに順番を譲ってくれた、やはり五年生くらいの男の子が、誰に言うともなく言った。ゴエモンがその子に尻尾を振る。数人の子が交互にゴエモンを撫でた。そこで初めて子供たちは、近くに飼い主がいると分かった。

「ゴエモンに譲ってくれてありがとう」

と、私は言った。

「いえ」

数人の小学生が同時に笑顔を見せた。

「賢いし、可愛いですね」

日焼けした野球帽の少年だった。

「みんなの親切に、ゴエモンがとっても感謝してるよ。ありがとうね」

私は言った。日本国中、こんな小学生ばかりだったらどんなにいいだろう、と思った。

私はゴエモンのリードを手に取り、彼らにもう一度礼を言ってから、水飲み場を離れた。

彼らはゴエモンに「またね！」と言って、手を振ってくれた。


ゴエモンには沢山のお友だちがいる。ゴエモンを通して、人との交流も広がった。

夕方のお散歩の時に出会うシーズーのペロちゃんやマロちゃん、ポメラニアンのミルちゃん。大きな体をしているハスキーのアスカちゃんにサリーちゃん。どのワンちゃんも性格の良いワンちゃんで、ゴエモンの大切なお友だちである。

マルチーズの冬馬《とうま》君やラブちゃんは、散歩の途中でゴエモンのいる窓下に手を掛けて、尻尾を振り振り、「お散歩、すんだかい？」と声を掛けてくれるし、十一歳のポメのチョロちゃんは、ゴエモンを見つけるとどこにいてもすっ飛んで来て「ゴエモンちゃん、大好きだよ」と、ちぎれるほどに尻尾を振ってくれる。黒い柴犬似のマッキーも良いお友だちだ。

ゴエモンのことを可愛がってくれているマルちゃんのお父さんは「ゴエモン君、肩、凝ってないか？」と仕事の手を止めてマッサージをしてくれるし、ミックスの老犬のトニーは、ゴエモンに温かい目を向けてくれる。

捨て犬だったサクラちゃんとモモちゃんの姉妹犬も心やさしい家庭に拾われて、今では幸せだ。飼い主の御夫妻も、彼女たちも、ゴエモンにやさしい。

人間に老いや別れがあるように、犬にもそれがある。

マルチーズのルンルンちゃんとアポロちゃんの母子はとても仲の良いワンちゃんたちだったが、つい先日、ルンルンちゃんが十六歳の高齢でお星様になってしまった。きっと天国からアポロちゃんを見守ってくれているに違いない。

コーちゃんという白黒のシーズーの老犬がいる。性格も穏やかで可愛い顔をしたワンちゃんだが、目と後足が不自由だ。罪なことにそういう体になってから、心ない飼い主から捨てられた。危く処分されるところを親切な奥さんに保護されて、ようやく幸せを摑《つか》んだ。このコーちゃんもゴエモンとは仲良しだ。鼻面を寄せてクンクンやってる時など「僕は今、とっても幸せだよ」と言っているように見える。私たちもコーちゃんに出会うと、つい「良かっ

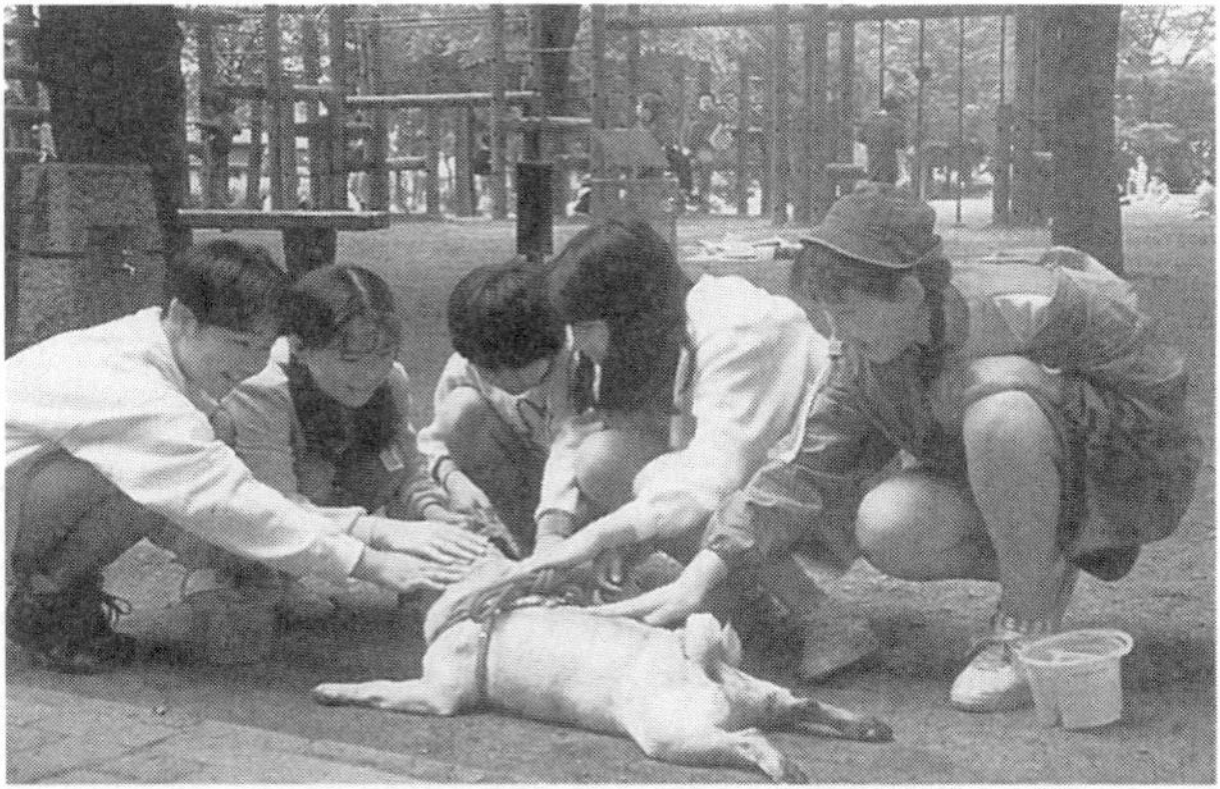

●やさしい心を、ありがとう

たねえ、コーちゃん」と、声を掛けてしまう。

光が丘公園では、時折、野犬になっているらしい首輪のない二頭の茶色い犬を見かけた。中型よりもやや小ぶりでおとなしく、自分が飼い主を持たない犬だと知っているせいか、何かにつけて控え目だった。

私たちがゴエモンと休んでいると遠慮がちに傍《そば》にきて尻尾を振り、ゴエモンには「僕は人畜無害だからね」と言いながら、私たちの顔を見上げる。

「何か食べるものがあったら、ちょっとでいいんだけど、貰えないかな」という表情だ。

物腰が悲しげで、手持ちでもあればあげたいところだが、あいにく食べ物を持ち歩く習慣がないから、「ごめんね、何もないんだよ」と、野犬に詫びる。

言葉が理解出来たらしく、「いいんだ、い

いんだ」と、犬はねだったことを申し訳なげに尻尾を振りながら、去っていく。その後姿が、とても寂しい。

このいじらしい犬を捨てたのは、一体どんな人間なのだろうか。

彼ら二頭はいつも別々だが、共通している点は、彼らには小指の先ほども悪意がなく、好戦的なところもない。いたって紳士的でやさしく、穏やかだということだ。

犬を平気で捨ててしまえる心ない人間よりもはるかに愛情深く、社会性をわきまえているにもかかわらず、彼らは生きていく上で、自分たちだけではどうする術《すべ》も持っていない。そんな彼らの行く末に、胸が痛む。人間の罪の大きさと根深さ。彼らに手をさしのべる方法はないものだろうか。

どのワンちゃんにも幸せになって欲しい。人間の都合で不幸せな犬が生まれないように願うばかりだ。

四月二十七日。ゴエモンが満一歳の誕生日を迎えた。

「ゴエモン、お誕生日、おめでとう」

私たちは交互に祝福した。こうやって無事に一歳の誕生日を迎えられたことが嬉しい。長くもあり短くもありの慌ただしい一年だった。「笠原ゴエモン様」で手紙も届く。私たちがゴエモンの代筆でせっせと返事を書く。いろんな出来事はあったが、それでも大過なく過ぎてくれたという感謝の気持で一杯になる。沢山の人にお世話になった。

「ゴエモン、大分お兄ちゃんになったねぇ」

　妻の声にゴエモンが丸くて堅い頭を擦りつけて、尻尾を振る。

「そうだろ。一歳だもん、お兄ちゃんさ」

　そう言っているように見える。

　ゴエモンの幼犬時代からを振り返ってみると、生後三、四ヵ月頃までは排泄をやむなくトイレの外ですることもあったが、それ以後はなくなった。外では男の子らしく片足を上げて「どうだ」とばかりにおしっこをするが、家の中では腰を落とし、屈んで、しかも十分に気をつけてこぼさないようにしてくれる。決して片足を上げることはない。ゴエモンは家の外と内をきちんとわきまえているのだ。

　幼犬時代にはシャンプーの後バスタオルで拭く段になると決まって嚙みついたし、その後はドライヤーだと分かって逃げ回ったものだが、今ではそれも嘘のようだ。洗った後はドライヤーだと分かっているので、乗せて貰う椅子の所に先に来て「早く乾かして」とばかりに尻尾を振りながら待っている。これが成長というのだろうが、ゴエモンの行動のあらゆる部分に『自分の頭で考える』という、目を見張らせるほどの進歩の跡が見られる。

　犬にとっての最初の一年は人間で言うなら十八歳くらいに相当するだけに、学習などの密度は濃い。犬を飼うには「愛情」と「しつけ」がいる。愛情は溺愛《できあい》ではなく、しつけには対話と根気が必要で、この二つがない限り良い犬は育たない。

「ゴエモン、おいで」

私は、居間にゴエモンを呼んだ。きちんと「お座り」をさせる。ゴエモンが私を見つめた。

「なぁ、ゴエモン。ゴエモンは実にお兄ちゃんになった。以前は何度捨てたくなったか知れないけど、今ではゴエモンは言うことなしの家《うち》の宝だよ。これからもがんばれよ」

首を傾《かし》げながら聞いていたゴエモンが、

「分かった」というように強く尻尾を振った。

「僕だって同じだよ。以前はどんなに噛んでやろうかと思ったか知れやしない。時々は噛んだけどさ。でも、今は違う。僕たち三人、しっくりいってるもの。がんばるさ」

ゴエモンのキラキラする大きな瞳は、私たちを交互に見つめてそう言っている。

ゴエモンの誕生日の今日は、お祝いの赤飯だった。炊き上がりの赤飯がホカホカと湯気をたてている。

「ゴエモン、お誕生日、おめでとう」

私たちはあらためてゴエモンに言った。仏前にも赤飯をそなえた。ゴエモンと私たちの健康に感謝だ。

ゴエモンの実家へも赤飯を届けた。

「あのちっちゃかったゴエモンがこんなにねぇ」

感慨無量の面持ちで呟くと、Aさんはゴエモンを抱きしめて頬ずりした。

私達はその足でいつもの光が丘公園へ出掛けた。一歳を記念して八ミリビデオを撮るためだった。

爽やかな四月下旬の午後の日差しは明るく、雲一つない青空だった。空気も旨い。

私はゴエモン用の専用自転車「ベンツの指定席」から、ゴエモンを下ろした。

八ミリの用意はOKだ。

「さ、ゴエモン、走ってごらん、力一杯！」

「お座り」をして待っていたゴエモンが、少し離れた丘で待つ妻の方へ勢いよく走り出した。

八ミリビデオのレンズがそれを追った。

あれから七年……

早いもので、ゴエモンが我が家へ来て、七年が経《た》つ。あっという間の歳月だったが、最初の一年が、てんやわんやだった。室内犬を飼うにあたってある程度覚悟はしていたものの、想像していた以上に戸惑い、手がかかった。それも前半の半年くらいが、やたら大変だった。と言うのも、ゴエモンは犬の習性で行動しようとするし、私たちは人間の習慣やルールにゴエモンを従わせようとするから、互いにぶつかり合う結果となるのだ。

「何でダメなんだよ」とゴエモンが言い、「それが互いに気持良く生活してゆくルールなんだよ」と、私たちは納得させる。しつけは最初が肝心なのだ。

私たちも真剣だが、ゴエモンも一生懸命だった。ゴエモンも努力しているが、なにせ数ヵ月の子犬のことゆえ、沸き上がってくるエネルギーと好奇心に抗しきれずにワンパクぶりを発揮する。そして、叱られる。そんな時ゴエモンは、無性に悲しそうな顔をして、

「僕、何か悪いこと、した?」と、見つめるのだ。見つめられると、これが辛い。

あまりにも目にあまる時には、つい「お荷物」とか「ストレスの塊《かたまり》」とか「子豚」とか、

子ダヌキに似ているところから「タヌキ汁にするぞ」と言ったりもした。半分は本音の表れだったが、ゴエモンが悪いのではなくて、どれも人間と犬との習性の違いからくるものであった。

やがて私たちもある面ではゴエモンに譲れるところは譲り、「ま、いいか」の気持になった。駄目な時にはその都度《つど》その場で叱ってきたが、イスをかじられても、ドアを傷つけても、襖《ふすま》に穴をあけられても、畳をボロボロにされても、それが室内で生きものを飼うということだから、と思えるようになった。それでもあまりのワンパクぶりに、何度「もう捨てちまう」とか「公園に置いてくるぞ」と言ったことか。

するとゴエモンはすぐ察知したり、理解して口をへの字に結び、私の目をじっと見つめて「僕にも言い分はあるんだよ」と、痛々しいほど、哀しそうな顔をした。

幼い頃のゴエモンのそんな顔が思い出される。成犬になって、ワンパクぶりが影をひそめて、今ではむしろそれが寂しいくらいに落ち着いた。

頑固で一本気で向こう気が強く、その一方では限りないやさしさをみせてくれるゴエモン。私たちとゴエモンは、がっぷりと四つに組んで理解しあってきた。お互いの信頼が実を結び、分かり合えるようになって、ゴエモンとの絆《きずな》は強まった。それには時間が必要だった。どんなことにも、忍耐と愛情が不可欠だった。

ゴエモンは、いつも自分に正直だった。実に天真爛漫。喜びも悲しみも、怒りも淋しさも、体一杯で表現した。私たちの話し相手をつとめてくれるのもゴエモンだ。ゴエモンはどんな話題でもじっと聞いてくれるし、それなりに答えも出してくれる。だから彼は親友でもある。今では大切な家族の一員だ。

ユニークな表情と行動の可愛らしさに魅せられて、どれほどカメラのシャッターを切ったことか。あっという間の数千枚である。

ゴエモンは私たちと出会うべくして出会った犬であるような気がする。人間だけでは味わえなかった寛《くつろ》ぎや騒動、楽しさを持参して現われた「尻尾のあるワンパク天使」のような気もする。

本書のゴエモンの記録はゴエモンとの出会いから一歳の誕生日を迎えるまでに止《とど》めているが、ゴエモンは一歳を過ぎてからも成長を続け、一歳三ヵ月（八月十一日）で十五・五キロ、一歳四ヵ月（九月十七日）には、正確な計量で十六・一キロ、体高は四十センチ強になっていた。犬種の本によると平均的なパグのサイズが体重六・五キロから八・五キロ、体高は二十六センチから二十八センチと書かれているから、ゴエモンは標準よりもかなり大型のパグだと言うことが出来る。しかし心臓への負担を考えると体重の増加は決して良いことだとは思われないので、体のことを考えてダイエットさせ、現在では十五キロを維持させることにしている。

光が丘公園や赤塚新町公園へは一、二歳の頃まではよく行ったが、昨今ではあまり行く機会はなく、散歩は家の近くの幾通りかのコースを、朝夕三十分ほどにしている。

一年を過ぎて、ゴエモンのお友だちはさらに増えた。シーズーのムッシュにアトムとベンちゃん、脱走犬のダンちゃんやヨーキーのチャッピーちゃんのお母さんたちもゴエモンにやさしい。ゴエモンが大好きなお花がいつもきれいに咲いているお庭のトンちゃんとマルチーズのジュニアちゃん、ゴエモンに出会うと、いつも大好き大好きとすり寄ってきてくれる美女シーズーのルーシーちゃん、そしてチャーリー。とてもチャーミングなコピィちゃん、ミニチュア・ピンシャーのロビンちゃん、新宿育ちのハナコちゃん、チコちゃん、可愛いロッキーとネコのタマちゃん、看板娘のネコのチョンコちゃん、くるみちゃん、お利口さんの良太君。

サッカーや水泳をしている近所の小学生のお兄ちゃんたちや塾帰りの女の子たちも「ゴエモンちゃん」と駆け寄って可愛がってくれるから、今ではゴエモンのお友だちは、ゴエモンの両手両足では数え切れないくらいだ。

犬を飼っている人もいない人も老若男女を問わず沢山の人たちがゴエモン連れの私たちを見かけて顔をほころばせ、温かく声をかけてくれるから嬉しい。心から感謝いたします。

現在ゴエモンは、七歳とちょっと。人間で言えば四十代半ばのナイス・ミドルと言ったところ。ゴエモンの犬生もこれからである。いつまでも健康で、ゴエモンが「幸せだなあ」と思ってくれるような生活をさせてやりたい。そのためには、私たちも元気でいなければならない。ゴエモンが元気一杯で走れる期間、ゴエモンの足裏は自前だが、私たちは何足のスニーカーを履《は》きつぶすことになるのだろうか。

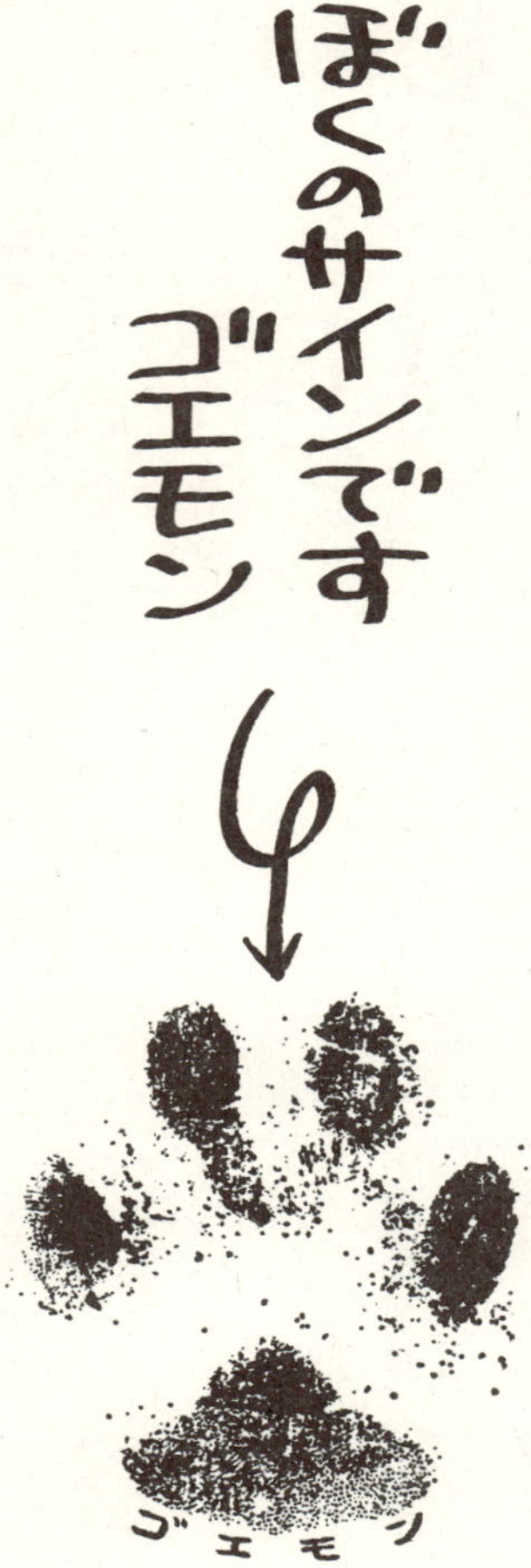

それからのゴエモン

文庫書下ろし

意識的なものではないが、犬との良い関係、良いコミュニケーションを保とうと考えるなら、愛犬と自然体でつき合うことである。

人間が自然体なら、犬も自然体、お互いが自然体でわかり合うところから、良い関係は生まれてくる。

人間社会で生きている以上、最小限のマナーは必要だから、それは教えるが、それ以上の規則でがんじがらめにすると、犬はストレスの塊になってしまう。これも人間と同じである。

一番必要なのはコミュニケーションだろう。私たちとゴエモンは、時間が許す限り、対話してきた。

ゴエモンが三十七日目で宅《うち》へ来て以来、ずっとである。

犬にははかり知れない能力がある。人間の言葉は話せなくても、聞き取り、理解する能力

は人間の子どもをはるかにしのぐし、直観力や記憶にいたっては、大抵の大人よりもすぐれているると、私はそう思っている。

犬は一、二歳がまだまだ好奇心旺盛な頃、五、六歳が蓄積された能力に磨きをかける年齢、そして七歳からが、本当の力を示す時だろう。

ゴエモンの目を見張るできごと

一歳になる前からそうだったが、仕事の合間に一階へ降りていくと、待ち受けていたらしく、遊び用のブルーのホースをくわえて尻尾を振り振りやってくる。

ホースは水道の蛇口から洗濯機へ水を送るためのもので、いらない部分を三十センチほどの長さに切り落としたものだった。

このホースがゴエモンのお気に入りで、時間があると私と綱引き（ホースの引っ張りっこ）をして遊ぶのだった。

忙しい時には「あとで」と言うのだが、時には「あと三十分したら」とか「二十分したら」とか言うのだった。するとゴエモンは、言われた時間きっかりにホースをくわえて階段の下へきて「時間だよ」と教えるのだった。

なぜ、その時間がわかるのか、不思議である。

●ね、まだ？　ホース遊びの時間だよ

ある日、いつものようにゴエモンが食器に顔を突っ込んで食事をしていた。パグ犬は鼻面が短いために勢いよく食器に顔を突っ込むと、どうしても食べ物が外に押し出されて、こぼれてしまう。

やむを得ないことなのだが、それを目にした私が「あ、あんなにこぼして」と言ったら、顔を上げたゴエモンと目が合った。

するとゴエモンが、ちょっと尻尾を振って私を見つめてから、床にこぼれたものを拾いはじめ、食器のまわりをきれいにしてから、再び食器に顔を突っ込んで食べだした。

偶然とは思えない仕草だったから、ゴエモンが言葉を理解してのことであるのは確かである。

ゴエモンの肝っ玉

成長に伴って、一日一回だった散歩を、一年を過ぎてからは、二回にした。

子犬の頃は、私たちが散歩のコースを決めていたが、一歳を過ぎてからは、コースをゴエモンに決めさせる日もあった。

拙宅を出てからのコースは幾通りもあるのだが、ゴエモンに「さ、ゴエモン、今日はどっちに行く?」と聞くと、ゴエモンはもう決めていたと言わんばかりに、迷わずに歩き出す。思いがけないコース変更もある。

「その道、行ったことないよ」と話しかけると、ゴエモンはちらっと見上げて、「いつも通りだと、面白くないだろ。散歩でも、冒険心と開拓精神が大切なんだ」そう言うのだ。

散歩の途中で、突然、知らない家の塀の内側から大きな犬が鼻面を突き出して牙を剥き出し、凄まじい勢いで怒声を上げてくることがある。ゴエモンとの距離はわずか三、四十センチくらいで、飼い主の私の方が思わず「うわっ!」と飛び退《の》くのだが、ゴエモンは眉一つ動かさずに平然と歩く。こんなことが、幾度もあった。

正面に見知らぬ犬が立ちふさがった時など、私の顔をちらりと見て、「僕がついてるから、大丈夫!」と尻尾を振り、難なくクリアしたし、二頭の中型犬から喧嘩を売られたときにも、あっという間に、にらみをきかして蹴散らしてしまった。

緑が心地良い穏やかな日、光が丘公園へ行く途中の赤塚新町公園の近くでテレビ局のドラマの撮影があった。交通を一時ストップさせての、爆竹をバンバン鳴らすシーンである。

私たちとゴエモンはストップさせられた先頭にいた。そのすぐ前での爆竹である。灰色の煙と音が凄まじい。

「ワンちゃん、大丈夫ですか?」

スタッフの一人が気遣ってくれたが、ゴエモンは自転車の前籠の中から爆竹を見つめて「どおってこと、ないさ」という顔で平然としていた。十五キロのゴエモンの肝っ玉というか、豪胆さには、いつもながら舌を巻く。

こんなこともあった。

無敵のゴエモンにも、唯一のライバル犬がいた。黒虎毛の秋田犬である。年齢はほぼ同じくらいだが、全身に凄味をにじませている剛の犬である。体重は六十キロほどもあり、近辺ではお目にかかれないほどの堂々たる重量級だ。この秋田犬は喧嘩っ早い。これまでに人や犬の被害者（犬）が、それなりに出ているとも聞いている。

ある日のことだが、屋外から「ギャウン！」という犬の悲鳴が聞こえ、同時に室内から外が見える窓辺に、ダダダダ……と走り寄るゴエモンの足音が聞こえた。ゴエモンの「ワゥ、ワゥ、ワゥ……」という声が響く。

覗くと、黒虎毛の秋田犬が拙宅のすぐ前で、やや大柄の中型犬の喉をがっぷりと嚙んで離さない。

通行人二、三人と嚙まれた犬の飼い主がリードを引いて二頭を引き離そうと躍起《やっき》になっている。こんな時にはホースで水をぶっかけるのが一番だが、あいにく、そんなに長いホースの持ち合わせはない。

私と妻は、犬の喧嘩に一番効果のある水をバケツに汲んで、仲裁に馳せ参じる始末だった。

出てきた。

秋田犬の飼い主はとみると、電柱の陰に身をひそめており、事が静まってから、オズオズと出てきた。

嚙まれた犬は、数針縫ったと、後日、耳にした。

この秋田犬とゴエモンが目を合わせると、互いに「やるか！」となる。お互いが一歩も引かない気の強さだ。

ある時、裏通りを散歩していると、不意にゴエモンが立ち止まって、鼻面を上げて、空気の臭いを嗅いだ。そこには、抑えた興奮が見てとれた。薄っすらと頸毛を立てている。はるか先まで見通せる道路には、何もいない。やにわにゴエモンは、リードを引っ張って走り出した。何を追っているのか。

私もゴエモンに引っ張られるままに一緒になって走ってみた。かなり走った。数百メートルは、駆け足をしている。道を幾重にも曲がって、その先に見たのは、五、六十メートルほど先を飼い主と共に自宅へと向かう、黒虎毛の秋田犬の後姿だった。

ゴエモンの嗅覚はライバルが空気中に残した臭いをしっかりと嗅ぎ取り、警察犬のように地に鼻先をつけることなく、空気の流れだけをたよりに、追うことが出来たのだ。

おそるべき嗅覚と言わざるを得ない。

Tさんのこと

ありがたいことにゴエモンには、沢山のファンの方がいらしてくださるが、その一人にTさんというご高齢（八十四歳）の女性がいらっしゃる。福岡の方で、お目にかかったことはないが「ゴエモンが行く！」を読んで出版社経由でお手紙をくださった方だ。それから往復書簡となった。

Tさんはガンを患ったりして、長年、病院暮らしをしている。手術の回数も多い。

そんなこんなで、半ば人生を諦めかけていた時にゴエモンの本と出会い、ゴエモンの可愛さとネバーギブアップの根性から、いずれ会いたい、そのために生きたい、という光明を見たという。

何度目かの手紙や電話のやり取りのあとTさんは、渋っていた心臓の手術に踏み切ったものだが、高齢のため、まわりはかなり反対したらしい。が、Tさんは生きていればゴエモンにいつか会えるという希望を胸に、本人自ら、手術を申し出たという。

そして、Tさんは手術に際して、医師に特別に許可をいただいて手術室に「ゴエモンが行く！」の本を持ち込み、枕元近くに本を置いて、手術を受けた。

私たちは、Tさんの望み通り、ゴエモンの写真を数枚、手紙に添えて差し上げていた。

後日、Tさんから手術は大成功だったというお手紙をいただいた。周囲からは奇跡だと言われたそうだが、Tさんは手紙の中で、「これは奇跡でも何でもない、ゴエモンちゃんが私を守ってくれたからなの」と書きしるしてくれた。

私たちは早速それをゴエモンに伝えたが、本当に嬉しい便りであった。

拾い食い

大阪にいる友人から電話を貰った。紀州犬を飼っていて、いつもの田舎道を散歩して、帰宅して間もなく、愛犬が苦しみだした。泡を吹き、七転八倒である。あわてて車で獣医師のところへ運んで手当てを受けたが、すでに手の打ちようがなく、愛犬は悶絶死したという。解剖の結果、毒物によるものだとわかった。草むらで何かを口にしたようだったというから、何か魅惑的な食べものに、劇薬がまぜてあったものと思われた。薬物による愛犬の突然死は、彼の紀州犬のほかにも四、五頭出ていたらしいから、加害者が歪んだ性格の持ち主でなければ、よほど腹にすえかねたことでもあったのかも知れない。たとえば、犬の声がうるさいとか、糞を始末しない輩《やから》への憎悪が募って、ということもある。

ありがたいことに、ゴエモンは子犬の頃から拾い食いをしたことがない。

犬によっては、煙草の吸殻《すいがら》やガムまで口にするのがいる。知人のミニチュア・ダックスは、家の中に落ちていた梅干の種を飲み込んで、気管に詰まらせて死亡した。知人の愛犬で、子どもの小さなおもちゃを飲み込んで手術をした犬もいる。しかも、こともあろうに、二度も、である。犬は何にでも興味を示すのだ。

持って生まれた資質なのだろうが、ゴエモンは拾い餌をしたことがない。鼻を近づけることすらなかった。また、私たちと一緒にいる限り、他人の手からは一切食べものを受け取らなかったから、その点では安心だった。これは私たちがゴエモンに教えたことではなく、ゴエモン自身の判断によるものである。

ゴエモンの気配り

ゴエモンは、こんな気配りを見せることもあった。

ダイニング・キッチンの床には、上げ蓋がついており、その下は食料品の貯蔵庫になっている。上げ蓋には指で引っ掛けて開ける金属の取手がついていて、これを引っ張ることによって床の蓋が上がり、自分たちがいつも歩いている床に深くて大きな落とし穴（貯蔵庫）が空くのだった。

これはゴエモンにとって、非常に危険なことだった。

金属の取手、イコール、危険につながる。これがゴエモンの認識だった。だから上げ蓋の取手をカチャカチャやっていると、必ずゴエモンが大急ぎでやってくる。そして、私たちの腕を手でトントンと突っついて「危ないからやめなよ」と、注意してくれるのだった。

エアロ・バイクに乗っている時もそうだった。ペダルを漕《こ》いでいる時に、たまたま傍に来ていたゴエモンにぶつかってしまった。その時の痛みを体験から知っていて、ゴエモンはペダルは危険なものだと認識している。だから、私たちがエアロ・バイクに乗ると必ず足早にやってきて、ペダルを踏んでいる足を押さえ、「危ないからやめなよ」と言ってくれるのだった。このアドバイスは、ゴエモンが体を悪くしてからも、ずっと続いた。

遊び

仕事の合間、「ひと休み」と言って、ゴエモンとふざけっこすることがある。

すぐ近くにゴエモンがいるのを知りながら、わざと大声で「ゴエモンはどこかな？」と声に出して、探すふりをする。

するとゴエモンは『ここだ、ここだ！』と尻尾を振りながらやってくる。それを知りながら気づかない振りをして、なおも「ゴエモンはどこかな？」と探すふりを続けると、ゴエモンは鼻を鳴らして自分の存在をアピールする。小さく吠えてみせることもある。

それでも気づかない振りをしていると、ついには前足で私の足を叩き、『ここにいるじゃないか』と大むくれだ。

ようやく気づいたふりをして「いたのか、ゴエモン！」と抱きしめてやると「ようやく気がついたね。僕はさっきからここにいたよ」と、ちぎれるほどに尻尾を振るのだった。

また、私の歌の一番のファンはゴエモンだった。

人様の評価はいざ知らず（大体はわかっているが）、ゴエモンからの評価は結構いい線をいっている、と思う。

ゴエモンをシャンプーしながら、その時々の歌、童謡から歌謡曲、校歌に至るまでを唄うのだが、唄いながらゴエモンに「どうだ？」と話しかける。するとゴエモンは「とってもいいよ」と、じっと見つめて、尻尾を振ってくれる。

ゴエモンは常に私の味方なのだ。

ある梅雨の季節のことだった。その日も朝からシトシトと降って、いっこうに降りやまないので、午後になって、ゴエモンに手作りの特製雨合羽《あまがっぱ》を着せて、散歩に出かけた。私たちも、傘と合羽着用である。

雨に濡れた紫陽花《あじさい》がみずみずしく、美しい。

あちこちに香るように咲く花を眺めながら歩くのも、また楽しからずや、である。帰宅して風呂場でゴエモンの足を洗いながらふと見ると、ゴエモンのお尻に小さなカタツムリがとまっていた。

手のひらに取ってゴエモンに見せると、丸い目をさらに丸くして、観察する。そのあと、外の植木の葉に乗せてやった。

それからの半日、ゴエモンは私の「デンデンムシムシカタツムリ……」の歌を聞かされることになった。ゴエモンの評価は、これまた高い。

良い匂い

花が届いたり、妻が花を買ってきたりすると、一番先にクンクンするのがゴエモンだった。それほどゴエモンは花が好きだった。小さな鉢植えから街路の花、花畑の花に至るまで、散歩で出会った花には、必ず足を止めて、クンクンと嗅ぐ。そのため、よく花粉を鼻先につけているが、決して乱暴に扱ったりはしない。そっと鼻先を近づけて、労《いたわ》りを込めて接するのだ。

「ゴエモン、いい匂いかい？」と尋ねると、「とっても」というふうに、尻尾を振って寄越す。

花畑の持ち主の農家の主婦が、「お宅のワンちゃん、お花が好きなんだねぇ」と、にこにこと言ってくれたこともある。

コーヒーの香りも大好きである。インスタント・コーヒーには全く見向きもしないが、本物のコーヒーの香りには目がない。豆を挽《ひ》いていると大急ぎでやってきて「僕にも匂いを嗅がせて！」と、目をキラキラさせる。「いいよ」と嗅がせると「うーん、至福！」と、感極まった顔をする。それを二、三回繰り返す。キリマンジャロ、モカ、マンデリン……。ゴエモンは私よりも、コーヒーの香りの通なのだ。別にいれ立てを飲むわけではないのだが。

クリスマス・ツリー

ゴエモンが好きなものの一つには、拙宅の前の教会が十二月になって灯をともすクリスマス・ツリーがあった。ツリーは教会堂のガラス戸の内側に置いてある。鉢植えの感じで、高さは六十センチほど。モミの木をイメージした樹木に赤や白の小さな電球がついている。ゴエモンはこのクリスマス・ツリーが大のお気に入りで、ガラス戸の横を通る時には、尻尾をピンと立て、伸び上がって、ツリーを眺めるのだ。

そんなゴエモンを見ると牧師さんご夫妻は、信者さんたちとのお話の最中でもすぐに出て来て、ゴエモンのために、ガラス戸を開けてくださる。雨の日でも、雪の日でもそうだった。戸が開くとゴエモンは、夫妻を見つめて『ありがとう』と言うように目をキラキラさせて尻尾を振り、ひとしきり、灯りを眺めている。

「ゴエモンちゃんのお気に入りなのね」と、奥さんは言ってくださる。

たっぷりと眺めてから、ゴエモンはご夫妻に尻尾を振り、名残りおしそうにバイバイする。感謝の気持が、ゴエモンの全身にたっぷりとあふれているのがわかる。

私たちも、ゴエモンの気持をわかってくださる牧師さんご夫妻に感謝を伝えて辞するのだ。

ゴエモンはこの小さなクリスマス・ツリーが世界一、好きだった。

雪の日

ゴエモンは雨でも雪でも、平気だったが、何年か前に、珍しく、大雪というのが降った。雪国の人にとっては「その程度でねぇ」というくらいの雪だが、東京では二十五年ぶり、二十三センチの大雪が降った。下手をすれば、電車は止まるし、交通は渋滞する。

初めての雪に、ゴエモンは大喜びだった。雪を蹴散らし、胸で掻き分けてブルドーザーのように進むのが面白いらしく、パワー全開で地元の小さな公園を走り回った。私たちとゴエモンは汗まみれになって、オニゴッコをした。雪の中でのボール投げもした。

「楽しいかい？」

ひとしきり駆けまわったあとゴエモンに尋ねると、

「もち（ろん）。最高！」尻尾を振り回して、ゴエモンは答えた。

だが、しかし、足元は雪である。走って戻り、ストップをかけて踏ん張ったところで、ゴエモンは思わず足を滑らせて、転びかけた。ゴエモンがちらりと私を見た。私はその瞬間を見てしまったが、即座に目をそらせて、見なかったふりをした。ゴエモンにもプライドがある。転びかけた、という失態を目にされるのは、大いに誇りが傷つくことらしかった。

私たちが見ていなかったのを確認すると、ゴエモンは何やらほっとした面持ちになり、あとはいつも通りの、パワー全開のゴエモンになった。


私はかつて、本物の大雪にあったことがある。福井放送にいた時のことで、百年来の大雪と言われた昭和三十八年（一九六三年）の「三八《さんぱち》豪雪」である。

降雪日は一月、二月で五十三日。メーン・ストリートは雪で埋まり、市民が歩行する雪ぐつのその下に赤い三角の旗が立っている。赤い旗印は、この下に車が埋まっているから気をつけて歩いてくれ、という標識だった。

家屋からの出入りは大抵は二階からで、裏道は四、五メートルの積雪だ。雪で覆われた道の中央に人の肩幅くらいの通路が細く長く掘られていて、対面する二人がすれ違う時には、断ち落としの雪の壁に向かってバンザイを仕合って、ゆずり合うことになる。アパートだったから、そこを通って、風呂へ行く。

山間部は七、八メートルの積雪。それ以上だったかも知れない。当時の建設大臣、河野一郎氏が視察でお見えになった。

●25年ぶりの大雪に大喜び！

メーン・ストリートの雪は五月になって、ようやく消えた。

この年の大雪にくらべたら、平成六年（一九九四年）二月十一日の東京の二十三センチという大雪は、ほんに可愛いものである。

O信用金庫

夏場のゴエモンの散歩は、ゴエモンの体調を考えて、朝は早朝に、夕方は少し日が落ちてから、と決めていたが、冬場は、そうはいかない。

寒気が一段と強まった日でも、ゴエモンの散歩はかかせない。

いくら毛皮のコートを着たゴエモンであっても、寒いものは寒いのだ。

ゴエモンの選んだ散歩コースの途中に、O信用金庫がある。

両開きのガラス戸の奥には、自動預け下ろしの機械があって、人の有無にかかわりなく、夏は冷房、冬は暖房が入っていて、心地よい。

ゴエモンはそのことを知っていて、自分の選んだ散歩コースに、O信用金庫を入れているのだ。窓口扱いの通常の時間帯が過ぎると、キャッシュ・コーナーだけが稼働している。この日は、とてつもなく寒く、底冷えのする朝だった。ゴエモンは、コースの途中にあるO信用金庫に、躊躇することなく入ってお座りをした。二台並ぶ機械の横の椅子に私たちは座る。

客が入ってきた。ゴエモンは自らの意思で立ち上がり、座っていた場所を来客にゆずって、尻尾を振った。そのひかえめな表情と身振りは「僕、休ませて貰ってるんです。お邪魔にならないようにしていますから」と言っている。

「可愛いワンちゃんね。お利口さんなこと」

用事をすませた中年の女性は、にこりとしてそう言うと、会釈した私たちに、会釈を返して、ゴエモンの頭をひと撫でしてから、出ていった。

信用金庫の人たちはゴエモンと一緒にいる私たちを見てにこりとしてくれたし、見とがめることもなかった。そんな人の厚意ややさしさが、あらためて身にしみた。

ビデオ

ゴエモンに光が丘公園などで撮ったビデオを見せたことがある。はじめのうちこそ「僕って、結構いけてるよな」と真剣に見ているが、においも何もない画面にやがて飽きてしまい、ワゥ、ワゥと二声吠えて「もういいや」とばかりに、隣りのダイニング・キッチンの方へ行ってしまった。

私も最近では取材に行っても、あまりビデオ持参ということはなくなったが、十数年前頃までは、実によく撮っていた。

●自分のビデオを見るゴエモン

「狼王ロボ」の取材でアメリカの西部山岳地帯を八千キロ走ったときなど「よくもまあ」と思えるほどビデオを回しているし、ホワイトサンズやグランド・キャニオン、デスバレー、ヨセミテ国立公園などでも、かなり撮った。

なぜビデオから遠ざかったかといえば、現地で自分の生の目でしっかりと網膜に刻み込んだ映像と、撮ってきて自宅で眺める画像とのあまりの違いに失望したからでもある。その最たるものが、デスバレーやグランド・キャニオンだった。ビデオには、雄大さが映っていない。スケールの大きさがビデオでは伝えられない。

撮って帰ってビデオを眺めてがっかりし、それ以後、大自然を写したものは見ていない。

ゴエモンが亡くなって三年。ゴエモンのビ

デオはかなり撮ったが、亡くなってからは一度も見ていない。たとえ映像であるにしろ、病気知らずで生き生きとパワフルに走り回る姿を見るのは辛いものだ。

ゴエモンの認識

どんな時でも、ゴエモンはいつも私たち夫婦を公平に見ていた。

一般的に犬は、家庭内で序列をつけたがる動物だと言われているが、ゴエモンには、それはなかった。

ゴエモンは元々、ベタベタする犬ではなかったが、和室で私たちが寛《くつろ》いでテレビを見ていると、ゴエモンも自分愛用のトレイ（居間、兼、寝所）を出て、尻尾を振りながらやってくる。そしてどちらかに寄り添って休み、一定の時間の後、同じ時間だけ、もう片一方の方へ行って休むのだった。二人に寄り添うこの時間も、完璧なほど同じだった。

そのあとゴエモンは、自分の時間を楽しむためにトレイへと戻っていく。ゴエモンはどんな時でもこの公平さを変えることはなかった。私たちの食事がすむのを待って、「居間へ行って休もうよ」と誘いにくる時も同じで、私一人が行くだけでは駄目で、そのあと必ず妻を迎えにいくのである。

ゴエモンの頭の中には、いつでもさんにん一緒が一番平和で幸せなのだという認識があったようである。

私たちは、いつもの公園に行く。広々とした芝生の葉上で仰向けに大の字になり、サンサンと降りそそぐ、太陽を浴びる。微風がそっと、芝生の葉先と私たちを撫でて通りすぎていく。

私たち二人の間には、ゴエモンが幸せそうな顔で、私たちと同じように、寝そべっている。青い空には、一つの雲もない。

静かな、別世界のような昼下がりだ。

この時ばかりは、浮き世の雑念を忘れてしまう。

「幸せかい？　ゴエモン」

そっとゴエモンに語りかけると、「幸せ」私を見つめて、ゴエモンが尻尾を振った。

「ゴエモンに出会えて、本当に良かった」

妻が言う。ゴエモンが尻尾を振って、キラキラする目で、妻を見つめる。

「お父さん、お母さんのとこへ来れて、僕、本当に良かったと思うよ」

頭をすり寄せて、ゴエモンは言うのだ。くっつけたゴエモンの体から温もりが伝わってくる。生まれてこのかた「至福の刻《とき》」を感じることは数々あったが、ゴエモンと一緒にいて寛いでいる時は、まさしく「至福の刻」そのものであった。ゴエモンの存在の大きさを、あらためて思う。

いつも通りの生活、平凡ながら何げない日々の暮らしの中にこそ、かけがえのない宝物のような幸せがあったことを、今さらながら、しみじみと思うのだ。

Mさんのこと

二〇〇二年の十一月、函館に住む妻の妹、Mさんが乳ガンで入院した。ゴエモンを心から愛してくれていた人で、ゴエモンも「お姉ちゃん」といって、なついていた。妻がMさんの看病で帰函したとき、病いと闘っているMさんに、ゴエモンと私のふたりで色紙を描いて贈った。「がんばれMちゃん、みんながついてるよ!!」というものだ。Mさんの病室には『希望の光』のように、飾ってくれていた。またMさんは、拙著のイラスト画の本、犬の『与作』を愛してくれていて「この絵を見ると心が和《なご》むの」と言って、いつも傍らに置いていた。

Mさんは翌年の二月、亡くなった。ゴエモンと同じ、ガンを告知されてから三カ月であった。Mさんは力一杯、闘った。どんな時でも笑顔を絶やさない人だった。

Mさんには『ゴエモンが行く!』と『与作』を持たせた。

翌年五月、入院していた妻の父が他界した。
その父もゴエモンをとても可愛がってくれていた。

妹を送り、父が逝き、妻は函館――東京を往復した。

帰宅の都度、元気一杯のゴエモンが「お帰り、お帰り、うれしいよ！」と、尻尾をブルンブルン振って妻を出迎える。悲痛な思いの日々も、ゴエモンのあの表情と温もりに癒されたお蔭で過ごすことが出来たと、今さらながら当時を振り返って、ゴエモンの存在の大きさを口にする。

ゴエモンはいつも二人の心に寄り添っていてくれた。

三度の見取りを体験した妻は筆舌につくし難いほどの喪失感を味わったが、まわりの方々からあたたかいお力添えや支えをいただき、また『日ぐすり』という時間が哀しみの中にも少しずつ元気を取り戻させてくれている。

今もふっとゴエモンが傍にいるような不思議な感覚を覚えると、妻は言う。

私たちはゴエモンと一緒に暮らせたことの幸せをかみしめている。本当に「尻尾のあるワンパク天使」になってしまったゴエモン。

今ごろ、父と妹とのさんにんで、天国の花園を散歩しているのだろうか。ふっと頬をゆるめて妻は言った。

元気で、またね〜

『与作　いつもそばにいるからね』

がんばれ美貴ちゃん
みんながついてるよ!!
ボクも、ついてる。早く元気になってね！
東京から
靖
ゴエモン
'02.12吉日

生命《いのち》と向きあって

文庫書下ろし

つい今しがたまで私たちを見つめ、苦しい息の下からでも声をかけると尻尾を振ってくれていたゴエモンが、わずか数分後には二度と目を開けない姿になろうとは考えてもいなかった。現実の『死』が、そこにあったのだ。

病名は『慢性骨髄性白血病《まんせいこつずいせいはっけつびょう》』。それも五種類あるといわれている白血病の中で、一番難しいとされている種類のものだったのである。

ゴエモンは十二歳七カ月と一日の生涯を終えたが、白血病という病におかされるまでは病気とは無縁の存在で、初めての病魔が白血病だったのである。

十二歳を迎えた頃から、散歩の途中で、時折、ゴエモンが「疲れたなぁ」という様子を見せることがある。階段なんかでも、いささか段数の多いところや急勾配の坂の時でも、そう

だ。そんなとき、しゃがみ込んで、ゴエモンの前に胸を出すようにして両手を広げ、「ゴエモン、抱っこする?」と話しかける。するとゴエモンは待ってましたとばかりに、躊躇なく、腕の中に、とび込んでくる。

『抱っこ』すると、ゴエモンはおとなしく、腕の中で、じっとしている。

かつては、こんな風ではなかった。「抱っこしようか」というと、体全体で『いらない』というし、子犬の時など、捕《つか》まえて抱くと『降ろせ、降ろせ』と、大騒ぎした。

それが、今では、いつまで抱いていても、降ろせとは言わない。あまりの重さに「ゴエモン、降ろしていいかい?」と、ギブアップするのは、いつも私の方で、思い返してみれば、この頃から、ゴエモンの白血病との闘いは、はじまっていたのだ。

そんなことすら、気づかなかった私。ただの年齢からくる疲れだと思っていた私。ごめんね、ゴエモン。気づいてあげるのが、遅すぎて。

パグとかブルドッグとかの短鼻犬は夏に弱い。その例にもれず、ゴエモンはひと夏に一度は夏バテを起こしていたから、十二歳のこの夏もそうだと思い込んでいた。だが、すでにこの時、夏の到来と共にゴエモンの苦しみは始まっていたのだ。

いつもなら注射一本でパワーを取り戻すのに、この夏に限っては良くならない。その上、しゃくり上げるようにして吐く。

八月の下旬になり、吐き気がひんぱんになった。水はがぶ飲みするが、少しすると、それを吐く。

掛かりつけのA動物病院の院長は「暑さからくる疲れでしょう。それに十二歳という年齢からくるものもありますし」と言ったが、私たちは普段とは違うゴエモンの様子から、それだけではない不穏なものを、ゴエモンの細部から感じ取った。

疲れが抜けないどころか、食べなくなった。大好きな散歩に出ても、度々足を止めて「休んでもいいかい？」と私の顔を見上げて、尻尾を振る。こんなことは、今までになかったことだ。ゴエモン自身、自分の身にこれまでに味わったことのない変化が起きていることを、いやが上にも感じていたはずだ。

確かにA院長の言う通り、この年は例年よりも酷暑で暑い日が長かったが、ちょっとおかしいなと気がついたのは、夏バテ状態が長いのと、かつてない食欲不振と嘔吐《おうと》、それに加えての疲れやすさだった。

これは加齢や唯《ただ》の夏バテとは思えない。

A院長は申し分のない方であったが、唯一残念なことは、A動物病院には健康診査の検査システムがなかった。それと共にゴエモン自身が健康体そのものであったから、あえて精密検査をする必要性を感じなかったのである。

ゴエモンの様子からして、一度精密検査をすべきだと考えた。

そこで知人の紹介でB動物病院へ連れていった。二〇〇四年（平成十六年）九月一日の夕方のことである。

レントゲン写真を撮り、血液検査をし、心電図をとった。関節等も調べる。どこも異常はなかったが、唯一つ引っ掛かったのが、血液中の白血球の数値が高かったことだ。

普通は五、六千から一万五千くらいまでらしいのだが、ゴエモンの場合は二万七千という異常に高い数値だった。

白血病の可能性があるが内臓からくるものかも知れないということで、さらに精密検査を大学病院へ依頼することになった。この日はとりあえず背中から栄養剤の点滴（五百cc）を、ということになった。

ゴエモンの体調がおもわしくない。B動物病院から帰宅後何も口にしないし、九月五日には、午前五時二十五分、八時、午後六時過ぎの三回、嘔吐《おうと》した。食べてないから、水の他には胃液しか出ない。検査結果のこともあり、夕方、B動物病院へ連れていった。ゴエモンの検査結果が出ていた。『慢性骨髄性白血病』という診断だった。

「様子を見たいので、四、五日入院させてみませんか」と細身の院長は言った。

家に連れて帰っても為す術《すべ》がないので、この日、九月五日の夜から入院させることになった。難病と言われている『白血病』という診断だけは下さないで欲しい、と願っていただけに、この検査結果には愕然《がくぜん》となった。

私たちはまんじりともしないまま、一夜が明けた。

六日の夕方、B動物病院へ行った。白血球の数が三万二千から五万に増えている。

ゴエモンは私たちを見ると「お家《うち》へ連れて帰って！」と、跳びついてくる。よほど病院が嫌らしいが、「良くなるためだからね」と、なだめすかした。

ところが、翌七日の夕方面会に行くと、診察台の上にべったりと顎《あご》と腹をつけ、目を閉じて顔も上げられないほどぐったりとしていた。これまでのゴエモンではない。昨夕から今夕までの一日のうちによほどのことがあったに違いないとの想像はついたが、何がどう為されているのか、見ていないだけに極度の不安と不信感は否《いな》めない。

「疲れてるんですよ」と院長は言ったあと、「いろんな薬を試しているんですが芳《かんば》しくなく、今また別の薬を」と、彼はつけ加えた。

ゴエモンの両前足にはバリカンで刈り上げた跡があり、左前足には、黄色いビニールテープが巻かれている。点滴の針が刺したままになっているのだ。昨日とは別犬のように見えるゴエモンの憔悴《しょうすい》ぶりはひどかった。次々と試される治療と過度のストレスがゴエモンを打ちのめしているといえた。

「飼い主さんの前では頑張ろうとして体力消耗しちゃうので、休ませてきますから」

助手の獣医師は身動きすら出来ないゴエモンを抱き上げると、そそくさと奥へ消えた。ゴエモンを連れてきてから、その間、一分足らずだと思われた。ゴエモンは、唯、呼吸しているだけに見えた。

かなりの不安は残ったが、院長の指示に従い、ひとまず引き上げることにした。帰宅途中、妻と、事情はどうあれ、明日にはゴエモンを家へ連れて帰ろうと話しあって決めた。

正直なところ、このまま病院に置いておけばゴエモンの命が危いと感じたからだ。

八日の午後四時五十分、B動物病院の院長から電話が入った。退院の用意をして来てください、と言うものだった。

「良くなっての退院ですか」と妻が聞いたところ、「決して良くはないが、ストレスもあり、その方が良いと思います。詳細《しょうさい》はいらしてから」と、口は重い。私たちは大急ぎで支度をして、駆けつけた。

ゴエモンはぐったりとして身動《みじろ》ぎもしない。「大丈夫か⁉」と声を掛けても、手を触れても、目すらも開けない。

院長は私たちを前にして一時間ほどかけてゴエモンの現在の容態、今後の治療法を説明してくれた。あらゆる手段を駆使《くし》したが、抗生物質は全く効かず、白血球は増えるばかりだという。繰り返すが、白血球の正常値は五、六千から一万五千なのに、九月一日に二万七千、九月五日、三万二千四百、九月七日、四万九千二百、九月八日、八万五千四百。急増で、もはや機械での計測は不可能だと言われた。どうやら十万を越えているらしい。

『骨髄性白血病』いわゆる血液のガンである。しかもゴエモンの場合、五種類ある白血球の中の一つが異常な増え方をしており、院長は動物病院を開業して十三年になるが、こんな症例は二例目で、学界で発表出来るくらいのものだと口にした。

「ちなみにデータによると、病名がわかってからの寿命は一日から最高六カ月。平均すると二、三週間から三カ月。ただし、ゴエモン君の場合は、今日、明日、何があってもおかしくない状態です。今後の考え方としては三つほどあります。一つは大学病院での検査、治療という方法。この場合、東大か麻布ですが、今のゴエモン君の状態では移送は難しいでしょう。それに長時間かかる検査には、耐えられないでしょう。検査中に亡くなることも覚悟しなければなりません。二つ目は人間のガン治療と同じアガリクス、プロポリス、サメ軟骨の飲用などがありますが、ゴエモン君には服用は難しいでしょうね。三つ目は、家で見守るという形です」

淡々と、院長は言った。

ゴエモンの細い両前足にはわずか四日間で三十数本もの注射が打たれ、後肢や太股の上にもおびただしい数の注射である。さらに首筋近くには、五百ccという多量の点滴である。体力がないところへもってきての五百ccの点滴だから体の下半分が水風船のような状態でたぷたぷと重たく、立ち上がることも出来ない。ふうふう息をついているだけで、目も開けない。

「食事は？」と尋ねたところ、

「少し食べましたよ、缶詰ですが」

助手は開けたばかりの缶詰を見せてくれたが、その言葉は信じかねた。このような状態で、果たして本当に食べられたものだろうか。

目を見て話さない助手に、疑念を抱かざるを得なかった。とりあえず同じ缶詰を購入して帰ったが、ゴエモンには食べる力も意志もなかった。

院長は症状の説明のあと、当院ではこれ以上の治療は無理だと言った。サジを投げたのである。あとは自宅でゆっくりと休ませてやって欲しい、と言い、ゴエモンの症状を『今日、明日、何があってもおかしくない状態だ』と、重ねて口にした。

ゴエモンは苦しげに身動《みじろ》ぎするだけだ。

手の打ちようがないから引き取ってくれという院長の言葉に、やりきれない冷たさを感じた。命を預かる獣医師なら、最後の最後まで力を尽くそうとするのが本当のあり方ではないのか。途中で投げ出してしまう院長の姿勢に、この動物病院への信頼が音をたてて崩れていくのを感じた。

入院前には休み休みだが自力で元気に歩いておしっこもきちんとしたのに、入院しての三泊四日で、ゴエモンの様子はすっかり変わってしまった。駄目だとわかれば、あっさりと手を引いてしまう。まるでモルモットにされた感さえあった。

明細にはおびただしい数の注射や採血の回数が記されていた。ゴエモンが治るものなら治療費は一切いとわないし、たとえそれが地球の果てまででも連れていく。

治す術《すべ》なく医者に見はなされたのなら、私たちが何としても奇跡をおこしてみせる。ゴエモンの生命力と奇跡を信じて闘っていく。

帰路、ゴエモンを撫で、私たちとゴエモンのさんにんで誓いあった。

ゴエモンを連れて帰り、トレイの上に寝かせた。トレイにはお気に入りのバスタオルが敷かれ、いつでもおしっこをしてもいいようにペットシートが敷いてある。体を蒸《む》しタオルできれいに拭いてやった。ゴエモンは目を閉じたまま足を投げ出し、ぐったりとしてピクリともしない。危険を感じる。

その夜から私と妻はゴエモンのトレイがよく見えるすぐ傍の和室に布団を敷いて、交代で眠ることにした。

ゴエモンが眠ったのを確かめてから、B動物病院を紹介してくださった方にかいつまんで事の次第を話し、謝辞を述べた。

二人ともほとんど眠らずに、一夜を明かした。ゴエモンは昨夜寝かせたままの姿勢で、微かに呼吸しているだけである。

何はともあれ、九日の朝を迎えることが出来てほっとし、感謝した。

ゴエモンの寝姿を見ながら、何とかこの状況を脱することは出来ないものかどうか思案したあげく、同じくパグを飼っている知人に電話した。知人のパグも原因不明の病で何軒もの病院を歩いた経験があり、最終的に、良い結果が得られたという。その獣医師を紹介して貰い、遠方なのでまず電話相談をということになった。その獣医師はこちらの話をよくよく聞いた上で「末期的ですなあ」と溜息まじりに一言言い、「往診は出来ないが、連れてきてくれたら診察してみましょう」と言った。

が、今のゴエモンの体調では遠出させることは出来ない。

私たちはゴエモンが幼い頃からお世話になっているA動物病院のA院長に病名を告げ、状況を説明して往診をお願いした。A院長は外来患者が終り次第、すぐに行くと約束してくれた。A院長が来てくれるまでの間、水すらも飲もうとしないゴエモンに、脱脂綿に水をひたして口へ運んだ。

何度か体位を変えさせるためにゴエモンの体にそっと触れる。その度に痛そうにピクリとし、体力がないにもかかわらず、噛みつく素振りを見せる。今までは私たちが体に触れることを一度も嫌がったことはなかったゴエモンだったが、入院して以来は別だった。体に触《さわ》れる度にだったから、よほど嫌な思いをしたものと思われた。治療の辛さも増幅していったことが見てとれた。

A院長は午前の診療時間が終ると、すぐに駆けつけてくれた。

横たわっているゴエモンを見て、一瞬「あっ」と息を飲み、立ちすくんだ。院長の記憶にあるゴエモンと目の前のゴエモンとのあまりの変わりように愕然《がくぜん》としたのである。

ゴエモンは大きな目を開けていた。A院長はやさしく「ゴエモン君、がんばれよ」と言いながらお尻に抗生物質の注射を打ち、首筋にビタミン入りの点滴（二百cc）をした。

ポンプ（注射針をはずした注射器）で口の端から水を飲ませ、そのあと粉の栄養食をぬるま湯で溶いて飲ませる。ゴエモンは院長を見つめながら、嫌がらずに飲んだ。じっと見つめるが、尻尾をゆする力もない。少しして横臥《おうが》したままでペットシートにたっぷりとおしっこをした。こんなことは生後三十七日目で宅《うち》へ来て以来、初めてのことだった。

えらくプライドが傷ついているようだったが、「構わないよ」と撫でてやった。ゴエモンが申し訳なさそうな目で私を見つめた。

「ゴエモン君、がんばるんだよ」

A院長はゴエモンをひと撫でしてから「お大事に」と、玄関へ向かった。

すると昨夜から横倒しになったままで身動《みじろ》ぎ一つしなかったゴエモンが急に身をよじり、トレイを出て、ダイニング・キッチンと玄関を仕切る敷居のところへ一生懸命に這いずった。トレイからわずか五十センチばかりの距離だったが、ゴエモンの体調からして動ける状態ではなかったのだ。

ゴエモンは這いずって敷居に顎《あご》を乗せると、玄関で帰り仕度をしているA院長をじっと見つめた。A院長が自分を助けてくれようとしているのが、ゴエモンにはわかっていたのだ。荒い呼吸をしているが、A院長を見つめる目は「ありがとう」と言っている。

感謝を告げるためにゴエモンは渾身《こんしん》の力を振り絞ってトレイを出て、A院長を見送ったのだ。

A院長が帰ってから、私はその場にくずおれているゴエモンを抱き上げて、元のトレイに戻した。ゴエモンはじっと私たちを見つめていた。

その夜の午前零時から、私たちはA院長からいただいた六時間毎の栄養食をスタートした。栄養食（粉末）の袋の四分の一（五グラム）が一回分である。四十度のぬるま湯（二十cc）で溶いて飲ませる。ゴエモンはポンプから元気にグイグイと抵抗なく飲んでくれた。

翌朝十日は、前日よりも体調は良さそうだった。入院で次々と行なわれる検査や数十本の注射、五百ccの点滴、そして一日中狭い中に隔離という名目で閉じ込められていたがゆえのストレス。そういったものから解放された安堵感が、ゴエモンに力を与えたのだ。

家に戻り、やはり我が家が一番、と穏やかになっていくのが手に取るようによくわかる。人間も犬も『我が家』という慣れた環境が体には一番良いのだ。

ゴエモンは溶かした栄養食を飲み、鶏《とり》のささみと鶏《とり》レバーのペースト状の食事を摂《と》った。

午前二時三十分、蛇口を開いた時のような、ジャーッという水音で目が覚めた。嬉しいことにゴエモンがダイニング・キッチンの私の椅子のところで、立っておしっこをしていたのだ。立てたのか、ゴエモン！

「偉いぞ、ゴエモン！」

私は思わず、満面の笑みで、声を上げた。

朝八時四十分に散歩に出た。自力歩行し、いつものように左足を上げ、ふらつきながらも三度おしっこをした。

夕方A院長にお礼の電話をし、経過を説明した。「口から入るものが一番栄養になり、力がつきますよ」院長は温か味のある声で応えてくれた。

九月十二日。ゴエモンが良く食べるようになった。ありがたく、嬉しいことである。

十四日。ゴエモンの体力が戻ってきたように思われた。B動物病院の院長が『今日、明日に逝《い》ってもおかしくない』と言った事が嘘のような気さえした。どんなに長くても一週間、あるいは二週間。それ以上は長くはない、と明言した院長の言葉をゴエモンと一緒にくつがえしてみせよう。

彼が今日、明日、長くても一、二週間だと言うのなら、ゴエモンとのさんにんで奇跡を起こしてみせようじゃないか。その気持がさらに強くなった。

動物には飼い主の心配が伝わるので、ゴエモンには白血病のことをふせている。

ゴエモンは唐突に食べれなくなる。昨日はあんなに食べたのに、今日は一切のものに口をつけない、といった状態だった。食べる気持があってキッチンに立つ妻のところへ行き、何か欲しいという表情をするのだが、いざ食事を出すと一切のものを受け付けずにトレイに戻ってゴロリと寝そべるのだ。口にするのは水だけである。

ゴエモンが食べられそうなものは片っ端から試してみた。初めて口にする食材も試した。関心を示そうとしない。

つい数日前には喜んで飲んでいた栄養食にも、そっぽを向く。見るからに体調が悪い。

十八日の夜、A動物病院へ連れていく。いつものように抗生物質にビタミン剤百五十ccの点滴の他に、

「これ、ちょっと痛いですよ」と、お尻に一本注射したが、ゴエモンは自分の病を治してくれようとしているのがわかるらしく、じっと我慢していた。

函館に住むH・Mさんから焼酎が届いた。「一寸先は光」というネーミングの限定品である。

H・Mさんは妻の妹の連れ合いで雅号を朱鳳《しゅほう》という書家である。妹のMさんと共にゴエモンのことをとても可愛がってくれており、ゴエモンの病名を知って、何かとはげましの言葉をくれていたものである。

一寸先は闇、という言葉があるが、ゴエモンの場合は「一寸先は光」ですからね、と常々、口にしていた。

縁起のいい、そのものズバリのネーミングに光明を見た。

私たちは感謝を込めてH・Mさんに電話した。

九月二十一日。ゴエモン、水も飲まないし、どんなものにも口をつけない。大好きだったスライスチーズやゆで卵、鶏のささみ、鶏の胸肉、ペースト状のささみとレバー、牛乳、大好きな柿と焼いたカマス（魚）等々。何を見せても「僕、食べられないんだ」と、悲しげな目をしてみせる。

ぐったりとしているので体温を計ったら（午前零時十五分）三十九度五分。犬の体温は三十八度五分が平均だから、かなり高い。

二十二日になっても状況は変わらず、何も口にしないので、夕方A動物病院へ連れていった。体温のことを話したら、犬は三十九度五分から四十度になると危ない、と言う。

よくゴエモン君は耐えたよ、凄いな、とA院長はゴエモンを撫でた。病院で計ったら（午後七時十五分）三十九度丁度だった。あまり歩かせない方がいいね、笑顔で院長は言った。

栄養剤とビタミンの点滴をし、抗生物質を打った。ゴエモンはじっと我慢して、私たちを見つめる。ちょっと悲しげな、

「僕、元気になれるかな」という目だ。

「大丈夫、絶対に良くなる」

私たちはゴエモンを励《はげ》ました。

二十四日。ゴエモンに食欲が出た。食べるようになると病気が嘘のように思えるほど食べ

るのだ。だからといって、これが続かない。次には何の前ぶれもなく、ピタリと食欲が止まる。そして何を見せても口にはしなくなる。

二十六日には、朝から食欲はゼロになった。水も飲まない。しかも朝から、かなりの下痢便だった。これまでにない褐色の便である。

外へ行きたがり、三度の散歩をする。

夜の十時半に再び下痢便をする。飲まず食べずの一日であった。

二十七日。食欲はないが、水だけを飲む。チョコレート色の下痢便二回。

夕方、A動物病院へ連れていった。途中で一度吐いた。あまりにも苦しげなのが、見ていて辛い。

ビタミンB_2入りの点滴（百五十ccほど）をし、抗生物質を打った。ビタミン入りの点滴と抗生物質を打つと、二日ほどは食欲が出る。それがこのところのサイクルだった。

二十八日。鶏のレバーのほかに、試しに脂肪の少ない豚肉をゆでて与えてみたら、よく食べる。食べてくれるとほっとするが、便がゆるいのは、相変わらずだ。

二十九日。一日三回くらいの下痢便が続く。だが、レバーと豚肉はよく食べる。夕方には焼いたサンマも食べた。食べているから、散歩に出ても、数日前よりも足腰はしっかりしている。夜、抗生物質を飲ませた。

三十日。朝、レバーと豚肉、スープ、ペースト状のささみ少々を食べた。食べられた時には「僕、食べたよ」と嬉しそうな顔をするのがいじらしい。

十月一日。レバーを少し口にしたが、食べたうちには入らない。夕方いつものようにA動物病院でビタミンB_2入りの点滴と、抗生物質を打って貰う。下痢止めを飲ませて貰ったが、病院からの帰路、五十メートルも行かないところで全部吐き出してしまった。

二日。ゴエモンの体調が良さそうだったので、散歩から戻って、久々のシャンプーをした。ゴエモンも「さっぱりして、気持いいなあ」の表情をしている。

三日には、レバー、豚肉、ゆでたカボチャ少々を食べた。少しでも食べてくれると、ほっとする。I・Mさんから、ゴエモンへのお見舞いの電話をいただく。彼女の愛犬のコピィちゃんが発作を起こしたとのこと、互いの家族が案じられる。プルーンが白血病に効果があると教えてくださったので、早速試してみようと思う。

四日。栄養食と牛乳等は駄目だが、レバー、豚肉、カボチャはよく食べた。下痢止めの薬を飲ませ、アリナミン（一粒）と、整腸のためにエビオス（一粒）を飲ませた。食べやすく細かくちぎったプルーン一個を食べる。

五日の朝、ゴエモンはしっかりと食べた。便も下痢ではなく、軟便に変わっている。これは嬉しい。ところが六日には、またゴエモンが食べなくなった。しかも下痢だ。

八日。夜、ゴエモンが二度吐いた。しかも下痢。雨の中をA動物病院へ連れて行ったら、こんな時に限って午後六時から獣医師会の会合とかで不在だった。普段なら夜八時までの診察なのに、と思わず唇をかむ。午後十一時四十分頃、A院長から電話が入った。連絡もしないで不在だったことを詫びるものだった。

九日、十日。ゴエモンは食べない。食べたそうだが、体が受け付けないのだ。仕方がないので、何とかなだめすかして、ポンプで栄養食（四十cc）と抗生物質入りの下痢止めを飲ませる。飲ませ方にはコツがいる。

まずゴエモンを横臥《おうが》させ、私が腕枕をしてゴエモンの頭部をやや高くする。側面が上がったところで妻がポンプで口の端からゴエモンがゴクリと飲み込むのを確かめながら、少しずつ注入するのだ。

四十cc飲ませるのに約一時間。ゴエモンも私たちも慣れていないだけに、忍耐、辛抱、創意工夫の一時間である。

私と妻は一階の和室に交代で寝ているが、一階にしろ二階にしろ、熟睡というのは有り得ない。

深夜でもゴエモンが起きると、瞬時に目が覚《さ》める。ゴエモンが起き上がるのは水を飲むためもあったが、大抵は用便が目的であったから、ふらつくゴエモンの腰を支えるために手を貸すのである。そんな折、嘔吐することもある。健康時のゴエモンが夜中に用便に立つことなど、皆無だった。

この夜、妻は一階にいる。二階に寝ている私は、ゴエモンのカタッという爪音でもとび起きた。ささいな音にさえ反応するほど、二人とも神経過敏になっている。耳は眠らない。

その度にゴエモンの表情が悲しげにゆがむ。

「ごめんね、体調が悪くて」

寂しげに尻尾を振るのだ。

「いいんだよ、ゴエモン、気にしなくても」

私たちは言う。本当に、気を遣うことはないんだよ、ゴエモン。

春頃まではずっと十五キロ平均できた体重が、今朝量ったら一〇・五キロに減っていた。顔が小さくなった。肩から胸の筋肉が落ち、胴まわりが極端に細くなった。がちっとしていた鋼鉄のような体が、柔らかくたるむ。見ていて痛々しい限りだ。

十一日もポンプでの栄養食だ。舐《な》めてみたが、決していい味ではない。しかし、飲んでくれないことには命がもたない。頼むから飲んでくれよ、と頼みながら、ゴエモンに飲ませる。

十二日。A動物病院でビタミン入りの点滴と抗生物質を打つ。夜、わずかにささみとレバーの混ぜたものを食べ、久しぶりで甘柿を八分の五、食べた。ゴエモンは柿に目がない。中でも愛知県のS・Sさんから届く大粒の柿には目がない。この大きくて甘い柿は、自宅の果樹園で取れたもので、ゴエモンは匂いと味で即座に見分けるのだった。

十三日。昼と夜、豚肉をよく食べた。それぞれに二百グラムずつだ。これほどガツガツと食べるのを見たのは、どれだけぶりだろうか。これも点滴のお蔭なのだ。嬉しくなった。柿も三分の二ほど食べた。ウンチも、かなり固まったものだった。ところが午後十一時頃になって、かなりの下痢便になった。一体、どうなっているのだろうか。

十四日の午前三時半頃、また下痢便をした。

昼近くに豚肉百五十グラムと柿を三分の二ほど食べ、夜は豚肉を百五十グラムほどに、柿を二分の一ほど食べた。甘い香りの甘い柿は、ゴエモンの大好物である。

体調は良さそうだった。下痢が止まらないので、朝と夜、下痢止めを飲ませた。

十五日。よく食べてくれるのでありがたい。メニューは昨日と同じである。

散歩を二回した。健康体のように歩くのではなく、ゴエモンが好きだった場所に抱いて連れていき、降ろすと、その近くを少し歩く。そして寝そべる。

少し休んで「さ、ゴエモン、帰ろうか」と声をかけると、「そうだね」と言うふうに、寝そべったままで尻尾を振る。

体調が良ければ立ち上がって二、三メートル歩くが、悪ければ立ち上がるだけ。私たちが交代で抱いて帰る。そうしたことの繰り返しである。

散歩の時に固めのウンチをした。しかし用心のために、夜、下痢止めの薬（液体、二cc）を飲ませておいた。

十六日。この日一日、柿しか食べなかった。足がふらつく。

夕方、体調が悪そうで、横たわったまま、ぐったりとおしっこをした。昨日と一転した様子に、思わずドキッとした。

いつものようにA動物病院へ連れていく途中、集会所の近くでゴエモンをお気に入りの厚手のバスタオルを敷いた自転車の荷台から、地面に降ろした。その時、一頭の放れ犬が妻に近づこうとしたところ、それを見たゴエモンがのしのしと放れ犬の方へ歩いた。

尻尾をキッと立て「僕の母さんに悪さをしたら許さんぞ」といった表情をして。放れ犬はゴエモンの気迫に押されて後退《あとずさ》り、立ち去っていったが、病んではいてもこの時のゴエモンの気迫には凄いものがあった。

「ありがとう、ゴエモン」

妻はゴエモンを抱きしめた。ゴエモンは尻尾を振り、疲れたからと寝そべってから「いいんだ、いいんだ」というふうに妻を見上げ、「僕がついてるから大丈夫」と言うのだった。

A院長は実に良い先生だが、点滴の器具がよく故障する。今日も点滴と抗生物質を打ってもらったが、点滴の器具の調子が悪く、三度ばかり刺しなおした。ゴエモンは耐えているが、さすがに三度目となると我慢も限界らしく、ビクリと体を動かして、「いい加減にしてよ、僕はぬいぐるみじゃないんだ」とばかりに恨めしげに院長を見る。ゴエモンの痛みがわかるだけに、こちらとしても何とかしてよ、先生、と言いたくなる。二、三度に一度は故障するから、たまったものではない。

夜、水泳仲間のU姉妹がお見舞いの品を持って駆けつけてくれた。

ゴエモンもそれに愛想よく応えた。久々に明るい笑い声が響いた。

十七、十八、十九日はよく食べた。特に十九日には、朝、昼、夕の三回とも豚肉（百六十グラム、二百グラム、百五十グラム）をよく食べ、大きくて甘い柿などはトータルで約二個（五百グラムほど）を食べた。

十九日には、ウンチもしっかりとしたものを三回。ビタミン剤一錠、抗生物質入りの下痢止め（二cc）を飲ませる。体調は良さそうだ。白血病など吹っ飛ばせ、とエールを送る。

二十日。朝、豚肉（二百グラム）と柿（八分の五）を食べる。午後以降は食べず。

「ゴエモン君のおかげんは？　早く良くなーれ」と、函館にいる妻の母から電話が入り、新鮮なイカが届いた。刺身と煮つけにしたが、いつもなら煮つけの匂いに「ちょうだい、ちょうだい」をするゴエモンだったが、この日ばかりは食べようとしなかった。

二十一日。下痢止めを飲ませているせいか、良いウンチをしてくれるので、ほっとしている。

朝、イカの煮つけをよく食べる。午後もイカだけ。他のものには見向きもしない。イカが品切れになったので、夜十時過ぎに魚屋さんに走った。丁度店仕舞いの真っ最中だったが、快くイカ刺しに出来る新鮮な大きなイカを出してくれた。それを急いで煮つけ、食べさせたが、もうイカは食べたくないと拒否反応を示した。

二十二日。昼、イカは食べたが、どんな柿も受けつけない。豚肉も駄目だ。仕方なく栄養食をお湯で溶いて、午後と夜、ポンプで飲ませる。

二十三日。何も食べないし、体調が悪そうにしている。二、三度、イカを吐いた。

「気分が悪いのか」と尋ねると、「悪い」と目で頷く。

昼前にA動物病院へ連れて行き、いつもの点滴と抗生物質を打つ。

「点滴の器具の具合、今日はいかがですか」と尋ねると、

「大丈夫です」

にこりとして、院長は答えた。確かにその通りで、この日はスムーズに進行した。ゴエモンも、ほっとした顔をしている。

夕方、ヤキトリ（タレをお湯で洗い流したもの）とレバーをおいしそうに食べる。しかし豚肉には、そっぽを向く。

点滴のあと、急に食べられるようになるのはいつものことながら不思議な現象だった。エネルギーを注入した鉄腕アトムのようなものだ。

二十四日。朝、ヤキトリ少々。夕方にはヤキトリ二本と、鶏の胸肉を食べる。

二十五日。昼前に鶏の股肉《ももにく》少々とレバー少々。

夕方「外の風に当たろうか」と言って、ゴエモンを抱いて散歩に連れ出した。ゴエモンは少し歩いてから「少し休んでいいかい？」という目で、私を見つめた。いいよ、と声をかけ

ると、ゴエモンはうずくまる。

しばらく休んでから、ゴエモンはまた、ほんの少し歩く。そんな散歩を、ゴエモンは続ける。

Oさんのところの大きなハスキー犬、アスカちゃん（雌犬）と出会ったのは、ゴエモンが寝そべって、休んでいる時だった。

年齢もゴエモンと同じくらいで、ゴエモンと散歩の途中で出会うと、お互いが「やあ、元気？」というさりげなさの間柄だ。

Oさんと妻は心安い主婦同士なので、お互いの犬に休憩タイムを与えてついついおしゃべりをしてしまう。その間というもの、アスカちゃんもゴエモンもマイペースで寛いでいる。そんな出会いが何年も続いていた。

いつもなら少し離れたところから「こんにちは」というアスカちゃんだったが、この日は違った。

アスカちゃんは寝そべっているゴエモンに近づくと、顔を近づけ、心配げに覗き込む。それからお互いの鼻先が触れるほどに接近すると、二頭はじっと見つめ合った。その様子は明らかに今までとは違ったもので、ゴエモンの体調をしきりに気遣っているのが、傍《はた》から見ていても、よくわかった。

ゴエモンも声には出さないが、自分の体調をアスカちゃんに伝えていると思われた。ひょっとしたら、余命があとどのくらいかもわかっていて、それを伝えていたのかも知れない。

二頭はなおもしばらく彫像のように動かずに見つめ合っていた。

静かな刻《とき》が流れていく。

「アスカ、そろそろ行こうか」アスカちゃんを促《うなが》し、リードを引っ張ってOさんは言い、「ゴエモンちゃん、お大事にね」の声を残して、離れようとした。

アスカちゃんは一瞬ゴエモンの傍から動きたくないといった素振りをみせたが、Oさんにリードを引かれて、しぶしぶ歩き出した。が、少し歩いたところで立ち止まり、振り返って、ゴエモンを見つめた。

アスカちゃんの目に、はっきりと深い悲しみが見てとれた。

見送るゴエモンの目にも、それがある。二頭は犬だけに与えられた超常現象ともいえるテレパシーで語り合い、ゴエモンは近づく『別れのとき』をアスカちゃんに伝えている。それをアスカちゃんが悲しみの目で受け入れたのだと、察することが出来た。

アスカちゃんとゴエモンが見つめ合った最後の一瞬は、ふたりだけにしかわからない『さようなら、ありがとう』であったのかも知れない。

近所に自由気まま族の猫（一説では野良猫ともいう）が何匹もいる。

大体が人や犬を見ると身をひそめるか、逃げてしまうのが通例だが、ゴエモンに関しては

●ゴエモンのお友だち「トラちゃん」(右)と「ニャー」

違う。数年前からのことだが、散歩していると、ゴエモンと私たちを目にすると、どこからともなく数匹が現われて「ニャー」と声をかけて、近づいてくる。地域を仕切っている感じの虎毛のボス猫もいれば、まだ子猫の域を出ないチビもいるが、どの猫もゴエモンに親しみを持っていて、恐れ気もなく近づいて、ゴエモンの脇腹あたりをクンクンする者もいる。「もてるなぁ」と声をかけると、ゴエモンはおでこのしわをさらに深くして、困ったような顔で尻尾を振るが、決して追い払うような真似はしない。猫たちもゴエモンがいると安心らしく、他の犬が来てもゴエモンの傍で平然として「来るなら来てみろ」という顔をしているから面白い。

ところで、動物同士というのは実に不思議なものである。体力が弱ったり体調を崩したりしていることが解ると、傍に寄ってきて、やさしい、労りの仕草をする。闘病中のゴエモンの散歩の時にも、ゴエモン・ファンの数匹の猫たちが、「どうしたの？　元気ないね、大事にしてね」と言わんばかりに寄ってきて、こちらが「それ以上近づいたら駄目だよ」と静止すると「わかった」という素振りで遠まきに、じっと不安げに見守っていてくれる。

そんな場面に、幾度も遭遇した。

二十六日。朝から何も食べなかったし、食べものに関心も示さなかった。体力を維持させるためには、食べさせなければならない。栄養食を溶いて二人がかりでポンプで飲ませたが、三十分後には全部吐いてしまった。嘔吐するものが無くなると、胃液まで吐く。

夕方、夜と、たて続けに嘔吐する。

見ていられないほど苦しげだ。背中をさすってやると「苦しいよ」という目でちらりと見上げて、少し尻尾を振る。無理して尻尾を振らなくてもいいんだよ、と言ってやる。辛さが伝わってくる。この辛さを取り除いてやれないのが、さらに辛い。

午前一時三分と午前六時の二度、下痢便をした。ただの下痢ではなく、吹き出すような下痢だ。凄まじい下痢、という表現がぴったりとくる。

二十七日。昨夜からずっと吐き続ける。食べずに吐き続けるから憔悴《しょうすい》がひどい。付き添って背中を撫でることしか出来ない。

「頑張れよ」と励ます言葉がむなしい。

あまりにも苦しげな様子に、もう駄目なのかと思ったりもした。

午前十一時、点滴と抗生物質を打ちに連れていった。いくらか元気を取り戻した。

A動物病院の帰りに、ゴエモンが嫌いな中型犬に出会った。ゴエモンが幼い頃に噛みつくように吠えついてきた犬だが、その後立場が逆転し、ゴエモンを見ると後退《あとずさ》りするようになっていたのだが、それでもゴエモンの気持の中には許せないものがあるらしく、この犬を見ると闘志がムラムラと沸いてくるらしいのだ。

この日は病院帰りで妻に抱かれていたにもかかわらず、腕の中から身をよじって唸り、「降ろしてくれ。こいつをやっつけてやる」と言った。ふらふらになっている病む身と気迫とは別ものであることを、あらためて知った。その夜ゴエモンは、ホッケの焼いたのを少しだけ食べた。

函館から届いたホッケは私の大好きな魚の一つで、ゴエモンも私に似て、大好きである。魚を焼いている時からクンクンと鼻を鳴らし「今夜はホッケだね」と楽しみにしている。私たちの食事が終るのをじっと待ち、おすそ分けをいただくのだ。私たちは、いつものことながら、骨のない、真ン中の一番良いところを少しずつ残して、ゴエモンに食べさせていた。食べ終えたところで「おしまい！」という。その声でゴエモンは「ごちそうさま」と、離れていく。

ゴエモンは若狭（小浜）から送られてくる白身魚のカマスも好きである。焼きサバや若狭ガレイも大好きで「おいしいなぁ」と食べたものだ。早くその日が戻ってくるのを願っている。

二十八日。全く食べない。今までは点滴のあとは二、三日食欲が出たものだったが、点滴を打った翌日だというのに、全く口をつけようとしない。一体、どうすればよいのか。食べたくないというゴエモンに栄養食を飲ませるのに、二人がかりで四苦八苦だ。私たちの方もきついし、わかってはいてもイライラする。ゴエモンに「ごめんね」と詫びながらも、イライラついている自分を抑えきれないのが情けない。

三十ccから四十cc飲ませるのに五十分かかる。飲まされるゴエモンは辛いが、飲ませる側の二人も汗だくだった。ご近所のワンちゃん仲間のYさん、Sさんもゴエモンのことを案じて、顔を出してくれた。

二十九日。原稿の〆切りが午後一時。ようやく仕上げて、大急ぎでファクスを送った。

A動物病院の院長は一生懸命ゴエモンのことをしてくださるが、体力の温存だけでは決定的な治癒《ちゆ》にはつながらない。

私たちはサード・オピニオンを考えることになった。そんな時テレビで『心を込めて治療する獣医師、どんな病でも治してみせる』そんなキャッチフレーズで登場してきた動物病院のことを思い出した。病院名に記憶がある。しかも距離的にも徒歩で三十分程と、遠くはない。妻との協議の結果、一度診て貰うことにしよう、ということになった。

この日の夕方、ゴエモンの体調を見て、自転車に乗せ、手探りで病院を探しながら歩いた。久々の光が丘公園である。

ゴエモンは自転車の上から周囲を見まわして「あ、僕、ここ知ってる！　散歩で来たことあるから」と懐かしそうに鼻をクンクンさせた。

犬連れの人ならその病院を知っているかも知れない。三人目で、知っている、という人に出会った。Iさんという女性である。親切な方で、私たちが探していた動物病院まで、犬の散歩を兼ねて連れて行ってくださるという。

道々、いろんな話をした。自分はO動物病院の先生に診ていただいているが、休日でも緊急の場合には往診してくださる良い先生だと、絶対的な信頼を寄せて、口にされる。

「よろしければ、紹介しましょう」と言ってくださり、お願いすることにした。

現時点で、治療を受けている方の言葉ほど強いものはない。同じ診て貰うのなら、今その病院にかかっている方の言葉を頼りにすべきではないだろうか。私たちはIさんを『信じられる方《かた》』と見て、そう思った。

当初探し求めていた動物病院の看板を前にして方針変更をし、私たちは入るのをやめにした。代わりにIさんがかかっているというO動物病院の住所と電話番号を教えていただいた。

Iさんに会ったことで、一縷《いちる》の光明を見た思いになった。

帰宅したら、午後七時四十分だった。

三十日。昼、ゴエモンはレバーのゆでたのを少し食べた。夕方、レバーと鶏の胸肉をゆでて食べさせる。まずまずというくらいに食べた。

午前零時半過ぎに下痢便をする。

三十一日。全く食べないので、栄養食を飲ませる。この日、ゴエモンが口にしたのは栄養食の二回だけだった。


十一月一日。全く食べない。何を見せても「いらない」と、顔をそむける。頼むから食べてくれよと懇願するのだが、「だけど、食べられないんだ」と横を向くゴエモンの表情が痛々しい。

A動物病院へ行く途中で、かなりの下痢便をした。点滴と抗生物質を打ってくる。夜、説得して、わずかばかりだが、栄養食を飲ませた。

二日。食べない。何を見せても、ゴエモンは尻尾を振って申し訳なさそうな顔をするだけだ。

栄養食を二回飲ませたが、なかなか口に入れようとしない。ポンプで少しずつ飲ませるのだが、口に含んだままで飲み込もうとしない。ついには口から溢れさせてしまったりする。

ゴエモンにとってよほど飲みにくい味なのか、飲み込む力がかなり弱くなっているのか、難《むつか》しいところだ。

遠距離に住む友人の女性獣医師T・Kさんに電話で状況を説明し、貴重なアドバイスを受ける。動物園の飼育係をしているKさんにどうしたら食べさせられるかの相談をしたあと、東アフリカ仲間のFさんにも電話を入れる。Fさんはボランティアでアイ・メイト（盲導犬）の活動もしており、自宅にリタイアした二頭の盲導犬を飼っている。そういったところから、一つでも有効な知恵が得られればと思ってのことだった。

三人から心のこもったアドバイスはいただいたが、決定的なものはない。T・Kさん、Fさんからはその後も度々ありがたいお電話をいただいた。

三日。午後四時に家を出て、O動物病院へ行く。距離にして家から徒歩で約三十分。

Iさんの紹介でと告げて、緊張の中で診察を受けた。

O院長は四十代の半ば過ぎくらいで、飼い主の話をじっくりと聞いてくださる先生だった。これまでに受けた動物病院での診療内容を伝え、コピーしてある血液検査等のデータを見せた。O院長はじっくりと目を通したあと、あらためて血液検査をした。白血球は五万四千から五万五千だった。減っている。

抗生物質のせいではないだろうか、と院長は言った。確かにそうだろうが、もう一つの要因は、自宅で生活しているというストレスからの解放によるものだと、私たちは思った。

口の中を調べて、貧血があると言った。

抗生物質を打ち、飲み薬を貰った。この日は、これだけ。

四日。食べたというほど食べない。栄養食（二十cc）を二回だけ。妻がお茶を入れ、I・Mさんが贈ってくれたゴーフルを私が口にしようとした時、ゴエモンが、じっと見つめた。食べるのかな？　ふっとそう思い、口元に持っていくと、パクリとゴエモンが食べた。美味しい、という顔をした。ウエハース状のパリパリ感と、二枚が挟んでいるクリームの感じが好きらしい。このところ食べている途中で「もう満足」というふうにパッと食べるのを止めてしまうことが多いので、止める前にすぐさま錠剤の飲み薬をクリームの間に挟んで食べさせてしまう。その後も良く食べてくれたので、似た味のゴーフルを常備することになった。


八月の二十二、二十三日に私の故郷では地蔵盆というのがある。子どもたちのお祭りで、大手通りに面した一軒の家を借りてひな壇をつくり、そこに地域の住民から寄せられた供物を並べるのである。

カボチャやキュウリなども混ざるが、大抵は子どもの喜びそうな菓子類やジュースが並ぶ。子どもたちにも位《くらい》があり、仕切りを許されているのは中学二年生と三年生だけである。だから二、三年生になるとほぼ自由に、供物の菓子を手にすることが出来るのだ。

私も中一の頃までは、よし、二年生以上になったら存分にお菓子を食べるぞ、と張り切っていたのだが、権利を手にしての地蔵盆の当日になると、なぜか、決まって腹痛を起こしてしまい、二年生、三年生ともに、貴重な日を棒に振ってしまった。食べたくても食べられない。

これも、さもしいストレスのせいだったのだろうか。

五日。午前二時三十分、三時三十分の二回、下痢をした。

午後四時半に外の空気を吸わせに出した時にも、大量の下痢をした。あまり食べなくても水だけはガブ飲みしているから、量は多い。

午後五時半、O動物病院へ連れていく。

ビタミン入りの点滴と抗生物質を打つ。点滴は五百cc。液がじわりと肩近くからお腹の方へ降りてくるのがわかる。そのためお腹の下はビニール袋に水をためたようになり、たぷたぷになる。液の量が多くて重く、動きづらく「どうにかならないか」という切ない目で、ゴエモンが見つめる。六十キロの人間が一度に三キロの点滴を打つのと同じだから、自分に置きかえてみるとその量の多さがわかろうと言うものだ。

帰宅後、蒸し焼きにした鶏の胸肉をほぐして食べさせる。柔らかくてパサパサした口ざわりが良いらしく、よく食べる。食べてくれればポンプで栄養食を飲まさなくてすむので、ほっとする。

六日。下痢の回数と下痢の勢いが凄まじい。下痢は水鉄砲のように一メートル後方まで吹き出す。

おしっこにしろ排便にしろその徴候があるとわかるので、下痢の時には新聞紙で作った手製の大きな（全紙大）チリ取り状のものにティッシュやペットシートを敷いて、受けるようにしていたのだが、昨今ではそれだけでは間に合わないほどの勢いになっている。

ゴエモンのお気に入りの大きなギヤマンの絵がある八畳の和室には、どこで排泄してもよいように隅から隅までびっしりとペットシートが敷きつめてあるから、ゴエモンはいつでもここへ来て出すことが出来る。しかし気がつく限り、私たちのどちらかが、ゴエモンの手伝いをした。ふらつく体を支えるとか、排泄し終ったあとのお尻を濡れティッシュで拭くという手伝いだ。

汚れたペットシートはすぐさま取り替えるから、ゴエモンの部屋はいつも清潔そのものだった。

昨夜打った点滴の液がお腹の下に下がってきており、体力の衰えから腰砕けになって、二度倒れた。

おしっこの場合片足を上げるが、片足では体を支えきれずによろめいてしまう。だからおしっこだとわかると、両手で軽く腰を支えて倒れないようにしてやるのだった。

食欲が出た。蒸し焼きの鶏の胸肉とレバー（ヤキトリ）二本を食べる。子ども向けのナビスコ等のクッキー（クリーム入り）もかなり食べた。

ゴエモンの苦しさは半端じゃないが、私たちの方もダウンするんじゃないか、とそんな気がしている。睡眠不足と過労、ストレスというやつだ。しかし、二人の間では、ゴエモンと一緒に頑張ろうというのが合言葉《あいことば》だった。何といっても一番苦しんでいるのはゴエモンなのだから。

どんな時でも、ゴエモンから生きたいという思いがひしひしと伝わってきたし、私たちも、何とか、その思いに応えたかった。さんにんの気持が一つになり、ゴエモンがこの瞬間、生きてくれていることがありがたかった。

ペットシートは用途に応じて二種類（60×90センチ）（45×60センチ）をどっさりと買い込んでいる。

下痢の回数が増えた。四、五十分間隔で排泄する。昼夜を問わずだ。

下痢をしても、食べてくれるとほっとする。食べることが生きることにつながるからだ。

鶏の胸肉をよく食べる。それとスライスチーズ。他のものは一切駄目。豚肉もレバーも受けつけない。好きだったものを、どれも拒否している。下痢が止まらないので、正露丸を飲ませて様子を見た。

九日。下痢が止まらないので、A動物病院へ下痢止めを取りにいった。これまでシロップ液の下痢止めだったが、効かないので錠剤に変えて貰った。それを飲ませたところ、午後三

●お気に入りのギヤマンの絵の前で

時四十分の便が軟便になり、それ以降の下痢は止まった。しかし絶え間ない下痢のためにゴエモンの肛門は痛々しいほど赤くなっている。私たちなら痛くて堪えられないところだが、ゴエモンはティッシュを当てられてもじっと我慢しているのがいじらしい。軟膏を塗りながら、妻が涙を浮かべている。

「ごめんね、ゴエモン。もうすぐ良くなるからね、良くなーれ、良くなーれ」

私たちは、そっと呟くのだ。そんな時でもゴエモンは私たちを気遣って尻尾を振ってくれる。尻尾を振れる状態ではないのに。

午後、O動物病院の院長から電話があった。精密検査で『慢性骨髄性白血病』だという結果が出た、というものである。

二つの動物病院の検査結果が同じものだった以上、受け入れざるを得ない。これで、万に一つでも……という一縷《いちる》の望みも断たれたのである。私たちは落胆と共に、常に心の片隅にあった難敵と正面から闘うことを余儀無くされた。それだけにゴエモンへのいとおしさがふくらんでいった。私たちは力を合わせて病と闘うのだという決意をあらたにした。

十日。O動物病院で血液検査をする。白血球が九万を越えていた。減っているに違いないと思っていた思惑が悪い方へはずれ、二人とも青ざめた。

「体力をつけて、今日から抗ガン剤を使いましょう」と、O院長は言った。

「投与を見ながら、慎重にやっていきましょう。今は慢性ですが、急性に変化することが恐いです」と言う。

下痢が止まったので、楽そうだった。帰宅後、鶏の胸肉とスライスチーズを食べる。一日、三、四度のウンチをする。

十二日。よく食べてくれるのでありがたい。

「もっと頂戴！」とお座りをする。目がキラキラしているのが嬉しい。沢山食べろよ、元気になれよと声をかけながら、二人で食べさせる。美味しそうに食べてくれると『希望』が湧いてきて、二人とも笑顔がこぼれる。一喜一憂の日々である。それにしても、痩《や》せた体が痛ましい。

ウンチはしっかりしてきた。

最近では、大好きだった散歩もままならなくなっていた。家から抱いて出かけ、少し歩いては休み、日光浴をしたあと、それ以上の歩きが無理だと判断されると、私たちが交代でゴエモンを抱いて帰宅するのだ。

そんな風に歩くのさえままならなくなっていたゴエモンが、この日、散歩を要求した。

近場へ抱いていくか。私たちは、とりあえず、ゴエモンを門の外へ降ろした。

ゴエモンは、四肢を踏んばって私たちを見上げて、尻尾を振り、道路を横切って、歩き出した。

何か心に決めているような歩き方であった。

私たちは、いつでもゴエモンを支えられる体勢で、リードの先のゴエモンについていく。ゴエモンはゆっくりとだが、躊躇することなく、休みながら歩く。この道を歩くのだと、昨日から決めていたと思われる歩きであり、進路をその場で選択することはない。

ゴエモンは時折、立ち止まってまわりを見まわし、空気の匂いを嗅ぎ、そしてまた、歩き出す。ゆっくりとだが、着実に歩く。

ゴエモンが歩くと決めていた道を私たちは知ることが出来た。それは、沢山ある散歩コースの中で、ゴエモンが最も好きだったコースを、今、ゴエモンが気力を振りしぼって歩いているのだった。

もう二度と来ることのない道を記憶の中に叩き込もうとしている。それがわかった。ゴエモンの姿に、私たちは涙がにじんだ。

ふらつきながらも、ゴエモンは歩くのをやめようとはしない。相当の距離だった。ゴエモンは一度も、手を貸してくれとはいわなかった。帰宅したのは、健康な頃のゴエモンの何倍もの時間を要していた。

玄関前にたどりついたゴエモンは、私たちを見上げて、満足気に尻尾を振った。大きな目には、事を為しとげた充実感と、私たちへの感謝があふれている。

「凄かったよ、ゴエモン」

私たちは交互に言った。

ゴエモンは、ここへ戻るまで必死で歩き、自宅へ着いたところで、体力も気力も使いはたして動けなくなった。

が、ゴエモンは満足していた。喘《あえ》いでいる表情には、苦しさよりも、為しとげた喜びが満ちあふれてみえた。

この日を最後に、ゴエモンが自力で歩くことはなくなった。

十三日。夕方、O動物病院へ連れていく。血液検査の結果、白血球が四万ちょっとに下がっていた。体調がよくなったのではなく、薬の効果だった。

昨夜から明け方にかけて六回吐き、病院への途中で、二回嘔吐した。

注射を一本打ち、抗生物質（三ccくらい）を飲ませた。

帰り、ゴエモンの様子がおかしくなり、路上に降ろすとしゃくり上げながら這いずり回る。もうろうとしていて、自分で自分がコントロール出来ない。抱きしめてやるとその時だけ尻尾を振るが、再び右へ左へと異常な動きをする。ひどい酔っ払い状態と同じだった。こんなことは初めてだった。先ほど打った薬が強すぎたせいだった。すぐさま病院へ引き返し、院長に状態を話した。O院長は新たに一本注射を打った。待合室で十分ほど休ませた。

ゴエモンの様子は落ちついたが、帰路、一度吐いた。

十四日。午前中にO動物病院へ行く。

この日一日、ゴエモンは何も口にしなかった。夜、私の甥《おい》が顔を見せた。ゴエモンは彼と仲良しだったから、ふらつきながらも尻尾を振って「いらっしゃい、いらっしゃい」と、歓待している。甥とゴエモンは、しばらく戯れていた。

十五日。O先生を紹介してくださったIさんに経過報告と感謝の電話を入れた。ゴエモンは、鶏の胸肉（六十グラムほど）とレバー一本足らずを食べたが、それでおしまい。

夜、栄養食をポンプで飲ませる。舐めてみたが嫌な味だ。どうして良い味に出来ないのだろうか。拒否反応は当然なので、お湯に溶いた栄養食にハチミツを加えて飲みやすくして飲ませたが、数分後には吐いてしまった。四十cc以上は吐き出してしまったと思う。

午前一時三十分、軟便だったが、真っ黒いウンチだった。黒系の食事をとっていないのになぜ黒いのか。

排便のあと、呼吸が荒い。落ちつかない感じで、凄く疲れた様子である。

十六日。全く食べなくなった。しかも下痢便に変わっている。昨夜（正しくは十六日の午前一時三十分）と同じ真っ黒い便だ。

夕方、自転車でO動物病院へ薬だけを取りにいった。便の黒い色は内臓からきているものかも知れないと、院長は言う。

十七日。夕方、O動物病院へ行く。点滴（五百cc）と四本の注射を打つ。下痢止め、整腸剤、強肝剤、吐き気止めだ。

白血球が三万五千になっており、数値の下がったのを喜びあった。

点滴の液がお腹と胸の方にまわって、体の下半分がぶよぶよで歩けない。体力の衰えがいちじるしいだけに、ゴエモンの辛さがわかる。それでも激励の声をかけると、大きな目で見つめて尻尾を振ってくれるのがいじらしい。ごめんね、ゴエモン、辛い思いをさせて、と詫びるばかりだ。

病院へ行く途中で、黒い下痢便をしている。

十八日。手で支えないと歩けない。昨日の点滴液で、まだ体がだぶついている。

一日中、ぐったりとしていた。ひどい下痢で、肛門からザァーッと吹き出す。一メートルほど後方にまで飛び散る。気力で立つが、お尻を拭いたあと、力つきて、すぐ傍にうずくまる。

食べない。「少し口にしてくれよ、ゴエモン」と言いながら、二人して栄養食をポンプで飲ませる。

錠剤の堅い薬を乳鉢でつぶし、さらに目の細かい茶こしでこしてお湯で溶き、ハチミツを混ぜて口にさせる。ゴエモンも一生懸命に飲もうとするが、喉へ通らない。一口ゴクリと飲み込むのに何分かかったことか。

二人の額からも汗が流れる。抵抗する力が以前より弱くなっているのがわかり、辛い。

十九日。午前十一時と午後三時に栄養食を飲ませる。十一時には乳鉢ですりつぶして茶こしで粉にした五種類の薬をハチミツでカムフラージュして、ポンプで飲ませた。何も食べていないので、立ち上がっても足取りが危ない。

昨日から、はじめておしっこをする。午後十一時五十五分だった。一リットル（千cc）ほどもあるんじゃないかと思えるくらいの量だった。

下痢がひんぱんに続く。吹き出してくる下痢だ。その度に、かなりの体力の消耗が見てとれる。午後十一時五十八分にした下痢に、血が混じった。

ゴエモンのベッドであるトレイに横たえた。寝返りをうつのも重労働のようだ。

「がんばれよ、ゴエモン！」

私たちの声に、ゴエモンがじっと見つめた。目が澄んでいる。

二十日。早朝二度、激しい下痢をした。血が混じっている。

午前九時二十分。O院長がアシスタントの女性を伴って、車でゴエモンを迎えに来てくれた。昨夜のうちにゴエモンの症状を電話で伝えており、その結果、明朝迎えに行くと言ってくれていたのである。O院長を見て、ゴエモンはびっくりした顔をした。

「僕、ひとりでいくの!?」といった顔だ。

元気になるためだからね、と私は言い、取っておいた血便を院長に見せた。

院長は頷き、ゴエモンは後部座席のアシスタントの女性に抱かれて出発した。

ゴエモンが帰宅したのは午後六時四十分。昨日と違って、とても体調が良さそうだった。体の震えが止まったのは、カルシウムの投与の結果だとわかった。筋肉を強くするのにカルシウムが必要だと教えられた。

内臓と腸のため、また下痢防止のために食べ物は少しひかえてみましょう、とのことだったが、この夜のゴエモンは、とても食べたがる。そこで院長に電話で相談したところ少しくらいなら大丈夫、ということで、鶏の胸肉（四十グラム）を食べさせた。美味しそうに、よく食べた。

二十一日。O院長が午前九時丁度にゴエモンを迎えに来てくれた。

「え、また行くのかい？」というふうに、院長を見て後退りする。「僕、行きたくないよ」と全身を使って訴えてくるが、どうしようもない。ゴエモンには悪いが、心を鬼にして送り出すしかないのだ。

昨夜ガツガツと食べた胸肉も今朝は食べなかった。下痢便をする。おしっこは二百ccほどだった。

ゴエモンの帰宅は午後七時頃だった。

二十二日。午前九時十分、O院長来宅。

「ヤバイ」という顔をして、隠れようとする。病院での治療がよほど辛いに違いないというのが、ゴエモンの表情からも察することが出来る。でもO院長におまかせする以外にはないのだ。

抱こうとする私に、ゴエモンが抗《あらが》って噛みつこうとさえする。これでは抱き上げることも出来ない。ハタと気づいた妻が二階へ上がり、戻った時に手にしていたのは毛糸の帽子だった。ゴエモンの丸い頭に素早く被せ、ゴエモンが「何？　何？」といぶかしんでいる間に抱き上げて、O院長にバトンタッチする。

　何とも辛い作業で、ゴエモンの気持を思うと、胸が痛くなった。妻が涙をこらえ、二人は車を見送った。

　ゴエモンの帰宅は、午後七時少し前だった。かなりの疲れが見えた。ゴエモンが話せたら病院で何があったか聞くことが出来るのに、それが出来ないのが辛いところだ。よほど辛い治療なのだろう。

　スライスチーズ五枚と鶏の胸肉（四十グラム）を食べた。

　二十三日。午前八時四十五分、院長の迎えの車で、ゴエモンは動物病院へ行く。行きたくないよと身振りと表情で訴えるゴエモンを送り出すのは何よりも辛い。昨日に続く毛糸の帽子作戦となる。送り出せば、治療の一切がわからないわけだから不安は強い。

　ゴエモンは午後五時三十分頃、帰宅した。

　院長の話では、血管に針が入らなくなったという。あまりにも多くの注射をしているために、血管が針を受けつけなくなったのだ。

　一度、刺した針で血管を探《さぐ》るのを見たが、ゴエモンの全身の表情から、ぐっと我慢している苦痛が見てとれた。しかしゴエモンは呻《うめ》き声一つ立てなかった。

毛を短く刈り取ったゴエモンの両前足にある無数の注射針の痕《あと》が痛々しい。足は前だけではなく、後足もそうなのだ。毛に隠れて見えないが、太股や腰にも相当数の注射が打たれている。肩から背中にかけては、度重なる点滴で、硬く、しこりのようになっているのだ。針もスムーズには通らない。

帰宅したゴエモンは五百ccの点滴で、いつものように体がだぶっとしてあまり動けない。抗ガン剤と吐き気止めをした、とのことだ。

疲労がいつもより一段と深いのが一目瞭然なので、院長の送迎は今日で終りにすることにした。

白血球は九万だと言った。

二十四日。通院の際、ゴエモンを乗せるのに手押し車の手頃なのを探していた。デパート、大手スーパー、大手の自転車取扱い店など手押し車のありそうなところは片っ端から見て歩いたが、これは、といったものがない。そうした時に、たまたま妻が通販のカタログで、ゴエモンにいいんじゃないか、と思われる手押し車（一万五千円）を見つけた。農作業で野菜等を運ぶのにぴったりだと、キャッチフレーズには書いてある。ゴエモンは野菜ではないが、乗せて移動するにはぴったりなので、早速手配した。

届いて、動かしてみる。大きさは良いのだが、前輪が左右に振れないのでハンドルは切れない。おまけにタイヤがプラスチックなので、ベビーカーのように地面との接点が柔らかくない。カタログには利点ばかりでマイナスなことは一切書いてないから、手にしてみて初めてその両面がわかるのだ。とはいえ、ゴエモンを乗せるスペースだけは自転車の広い荷台よりもさらにずっと広いので、使うことに決めた。花の好きなゴエモンに花柄の毛布を用意した。

ゴエモンが乗る乳母車のような籠の下には、ゴエモンへの衝撃を和らげるために厚地のタオルケットと毛布を敷き、寝かせたゴエモンが寒くないようにバスタオルとウールの膝かけを掛けてやる。自転車の籠とは比べようもないほど広いので、ゴエモンは両足を投げ出して気持良さそうにしている。ゴエモンの顔と花柄はお似合いで、籠の中を覗くと、こちらの気持も何かしら明るく、ゴエモンも満足そうだった。

「気分はどうだ?」と声を掛けると、

「とってもいいよ」と、尻尾を振った。

手押し車に乗せて、O動物病院へ行った。

院長の薬を飲ます手法はかなり荒っぽい。私にはとても獣医師は無理だと思う。自分に置きかえて、痛みや苦痛を感じすぎるせいだろう。

体に注射を三本打った。そのあとレーザーでマッサージをした。抗ガン剤を飲ませた。

二十五日。外へ出しても歩けない。つまずいて転ぶ。足が利かないから、お腹をつけて寝そべる。そうしたことが私たちに申し訳ないことをしていると思っているらしく、見上げて目が合うと「ごめんね」というふうに尻尾を振る。自分で自分をコントロール出来ないのが、悲しげに見える。

しばらく休んで私たちが立ち上がると、自分も一緒に立とうとする。踏ん張るが、ゆらゆらゆらめいて、しっかりとは立てない。

「ごめんなさい」と、また顔を上げて尻尾を振る。詫びている振り方がいじらしい。

「いいんだよ、無理しなくても。大丈夫さ」

私たちは軽くなったゴエモンを抱き上げて、家に戻るのだった。

ゴエモンは私に体を寄せるようにして、じっとしている。

この夜ゴエモンはゆでたささみを二百グラムほどと、スライスチーズを三枚半食べた。

おしっこは午後十時十五分頃に初めて一回し、そのあと軟便とも下痢便ともつかないウンチを一回した。

おしっこは立ってすることが出来ず、つまずいて転んだままでしはじめた。腰を支えてやるのが間に合わなかったからだが、ゴエモンの辛さが私の身体全体に電流のように伝わってきた。

二十六日。下痢だけではなく、はっきりと血が混じった。便をプラスチックのフィルム缶に入れてO動物病院へ行き、院長に見せる。院長は、じっと見つめた。

血液検査では血管から採血出来ないので、後足の中指の爪を切って（深爪させて）血を出し、それで検査する。

検査台の上に座っているゴエモンを妻がグッと抱きしめ、院長が爪を切る。その瞬間、ゴエモンの体がビクッとした。血が台の上まで溢れ出した。ゴエモンの痛みがビリビリと伝わってくる。

痛みが感じられて、私の額とこめかみから汗がしたたり落ちた。

ゴエモンは呻き声一つ上げなかった。

「気丈なワンちゃんです。今までの過酷な検査や治療で、ゴエモン君は一度も泣き叫んだり暴れたりしたことはありません。凄いワンちゃんです、本当に凄い」

普段は寡黙《かもく》と言えるほど口数の少ないO院長が、嚙みしめるように口にした。

大抵の犬はこれほどの治療には堪え切れずに、泣きわめいたり暴れたりするものだという。院長の言葉に『さすがゴエモン』と誇らしい気持になったが、辛さ、苦しさをじっと耐えているゴエモンを目にしているとそんな軽々とした言葉は出ず、ゴエモンを抱きしめて「そうですか」としか言えず、胸の内でゴエモンに『ごめんね、ゴエモン』と繰り返すだけだった。こんな思いをしてもじっと耐えているゴエモン。生命のギリギリまで生きたい、というゴエモンの強い意思が、ひしひしと伝わってくる。「生きていて欲しい」と願う私たちの思いを受けとめてくれているのだろう。

点滴の五百ccはあまりにも多くて見ていられず、量を減らして欲しいと申し出て、二百cc

くらいにして貰った。注射は三本。抗ガン剤と吐き気止めなどだ。

レーザーマッサージをする。白血球は十万だった。

帰路、ゴエモンを手押し車に寝させて押す。ゴエモンは胸から下にバスタオルを掛けて横臥している。目は車を押している私たちを見つめ、時折目を上げて夜空にきらめく星を眺めた。ゴエモンの瞳がキラキラしていた。「きれいだねぇ」と、私たちに語りかけるような仕草をした。とても穏やかで、平和な時間がゆっくりと流れた。私は、さんにん一緒にいられる幸せをしみじみと感じた。帰宅後、北海道のYさんから届いたリンゴでジュースをつくり、ハチミツを入れて、四十cc飲ませた。

二十七日。腸からの出血だと思われる血便が続く。便というより液そのものの下痢で、ほとんどが血という状態だった。それが吹き出すように出る。しゃがみ込む度に血液そのものを吹き出すので貧血がひどく、健康時にはあれほどピンク色だった唇や耳の裏側、お腹までもが白く冷たくなっている。四肢、特に手足の先が冷たい。

妻が両手で覆《おお》って温めてやっている。血液が失われていく度にゴエモンの疲労は深く、濃くなっていく。

昨夕O院長が採血のために切った中指の爪から鮮血が流れ出す。聞いていた止血の方法で止めようとするが、止まらない。身動きする度に血の跡を広げる。血漿板《けっしょうばん》が少なくなっていて、血が止まりにくくなっていたのだ。O動物病院へ電話をした。院長が来るまで、二人で交代で指先で患部を押さえて血を止めた。

午後一時近くに、大急ぎでO院長が血止めを持って来宅した。三本の注射を打つ。

この日ゴエモンは何も食べない。

下痢止めを飲まし、ゴエモンのファンであるKさんが福島の方から送ってくれた甘いリンゴをジュース（二十ccほど）にしてポンプで飲ませた。私たちの必死の看護がわかるから、ゴエモンは私たちの目を見つめながら、時間をかけてゴクリと飲んだ。目は澄んでいてとても美しいが、腕に触れる耳が冷たい。


二〇〇四年（平成十六年）四月十日、午後、一本の電話がかかってきた。いい陽気でゴエモンがシャンプーを終えてまどろんでいた時である。ゴエモン・ファンを名乗るKさんという女性の声で、可愛いゴエモンちゃんに一目でいいから会いたい、というものである。受けたのは、妻だった。

会いたい、という手紙や電話は比較的多いし「ゴエモンが行く！」（四六判ソフトカバー）が出てからは、窓辺にいるゴエモンを指さして「見て見て、ゴエモンちゃんよ」とささやくOLや家族連れがかなりいた。

だから「会いたい」と言われた時、忙しい最中でもあり「理由を言って、またにして貰ってくれ」と妻に言った。

「でも」と妻は言う。ゴエモンに会いたいという必死の思いが伝わってくるのだというのだ。

「わかった。じゃあ、来て貰ったら」私は答えた。

Kさんが電話してきた場所は、拙宅から一分足らずのところだった。

「ゴエモン、もうすぐお客さんが見えるからね。ゴエモン・ファンの方なんだ」

そう言うと、ゴエモンは嬉しそうに尻尾を振った。

インターホンが鳴って、Kさんが見えた。彼女は開口一番に突然訪れた非礼を詫びた。五十代のはじめくらいだろうか、上品な方である。

客間へとすすめたが、遠慮して、上がらない。やむなく玄関の上がり口に座布団を置いて、ゴエモンを紹介させて貰うことになった。ゴエモンは直感を大切にするところがある。紹介すると、ゴエモンはすぐさまKさんの前に行って尻尾を振り「僕、ゴエモンです」と自己紹介をした。

「ゴエモンちゃんねぇ。とっても会いたかったわ。よろしくね」

Kさんはゴエモンに手を触れ、撫でて感動のあまりに涙を浮かべた。

Kさんのゴエモンへの思いとやさしさが私たちにも伝わってくる。

Kさんはこれまでにも、何度も拙宅の前を通り、インターホンを押してよいものかどうか迷ったそうだ。だが、今一つ、押す勇気がなかったという。

そのことを息子さんに話したところ、その気持を伝えるためにも思いきって訪ねてみたらどうか、とアドバイスされたという。それが今日の電話だった。

Kさんのバッグには、ゴエモンへのプレゼントのぬいぐるみが入っていた。いつも持ち歩いており、偶然に出会えたら、ゴエモンにプレゼントしようと思って、ゴエモンの通りそうな道を、度々歩いたそうである。

Kさんは、可愛いうさぎと犬のぬいぐるみをゴエモンにくれた。息子さんから背中を押されなかったら、ゴエモンに会う機会はなかったと思う。

ゴエモンとKさんが会ったのは、この時限りであった。

Kさんはゴエモンに度々、手作りの品やゴエモンが喜びそうなものを手紙やカードを添えて送ってくれたが、そうこうしているうちにゴエモンが白血病になり、再会の時が失われた。あの時、私が面会を拒否していたら、妻が「でも」と言わなかったら、ゴエモンとKさんは会うことはなく、私は後日、Kさんのゴエモンに対する深い想いを知って、後悔の念に苛《さいな》まれるところであった。

二十八日。O動物病院の院長からは毎朝八時半前後には電話が入る。その電話に、昨夜から現在までのゴエモンの体調を綿密に伝える。薬のこと、便のこととその回数、嘔吐、動き等々、些細《ささい》なことでもきちんと伝える。その上で院長の指示を仰ぐのだ。

今日が運命の十一月二十八日だった。

ゴエモンは昨夜から血液そのものといってもよい排泄を繰り返している。

午前一時半頃、ゴエモンはトレイで横になっていた。私たちもゴエモンのすぐ傍で仮眠をとり、ゴエモンが起き上がった時には爪音で目を覚ますようにしていたのだが、この時はじめてゴエモンが起き上がって『ゴエモンの部屋』と決めている和室へ行くのに気がつかなかった。九月からゴエモンの傍で眠るようになって以来、初めてのことである。

私たち二人に疲れがたまっていて、ということもあるが、フローリングの床では、病んでいるゴエモンには、滑って歩けない。そこで滑り止めのために、ゴエモンが歩きそうな場所には、どこにも滑り止めをつけたマットを敷いたのである。だからゴエモンが歩いても、以前のように爪音がしないのだ。

目を覚まし、仮眠の場から見えるトレイに目をやった。

ゴエモンがいない。二人とも同時にとび起きた。午前六時半頃だった。

ゴエモンは『ゴエモンの和室』にうずくまっていた。ゴエモンが大好きな大きなギヤマンの絵に体を寄せるようにして。

ペットシートを敷きつめてある上には、五ヵ所ほど、排泄した血が、大小弾《はじ》けるように飛び散っており、一ヵ所にはふらついて滑った跡と、もう一カ所には血を踏んだ足跡がよろめきながらついている。

ゴエモンは苦しみの中で死力を尽くして和室へ辿《たど》りつき、排泄と戦いながら、ひとりで夜明けを迎えたのだった。

私たちが和室へ入ったことも知らぬげに、ゴエモンはじっとしている。気づいていても反応出来なかったのかも知れない。

「ゴエモン」と声をかけ、手を触れると、そこで初めてゴエモンは薄っすらと目を開けて「あ、お父さん」と、弱々しく尻尾を振った。

「来てくれたの?」

私たちを見つめる目は、そう言っている。触ると、顔も耳も手もお腹も冷えきっている。妻がそっと抱きしめて、頬ずりした。

「ごめんね、ゴエモン、気がつかなくて」

私たちは異口同音で語りかけた。

「いいんだよ。僕、ひとりで出来たから」

ゴエモンの澄んだ瞳はそう言って、二、三度尻尾を振ってみせた。ひと撫でしてから、ゴエモンの冷たい体を抱きかかえて、トレイに戻した。ゴエモンは私たちの動きを目で追っている。

八時二十分から九時五十分の間に、ゴエモンはたっぷりと水分をとった。

十一時四十分に院長から電話があり、私たちは状況を説明した。

O院長が見えたのは午後一時過ぎだった。

ゴエモンをチェックしたあと、五本の注射（下痢止め、痛み止め、呼吸を楽にする薬、止血剤、抗生物質）を打った。ゴエモンに抵抗はない。呼吸が楽になったように見えた。O院長はゴエモンの体や手足に触れ、「冷たいですね」と言い「暖房シートを持ってきましょう」と、立ち上がった。

拙宅からO動物病院までは車で十二、三分の距離だ。拙宅にも暖房シートがある。子犬の頃に買ったものだが、ゴエモンはこの上で休むのを嫌い、全く使わなかった。

四十分ほどして院長が戻ってきた。手にしているのは拙宅にあるのと同じ暖房シートだったが、院長の好意を無にすることは出来ず、ありがたく拝借させていただくことにした。

妻がそっとシートの上にゴエモンを寝かせて、肩から下にバスタオルを掛ける。

ゴエモンが穏やかにしているので、私たちは院長を交えてダイニング・キッチンのテーブルでコーヒーを飲んだ。その間およそ十分くらいじゃないかと思う。

院長が帰る間際になって、ゴエモンが横たわっている和室の方で、小さく、カサッという音がした。その微かな音に真っ先に気がついたのは、妻だった。サッと立ち上がると、和室へ走る。

ゴエモンが暖房シートから体を半分はみ出させてうつ伏せになっている。暖房シートが熱かったのだろうか。すぐに暖房を切ったが、熱いというほどでもない。

ゴエモンの口から口幅一杯に泡が出ている。初めてのことだった。妻がティッシュで泡を拭き取ってやった。暖房シートからペットシートにゴエモンを移した。

「このまま休ませておいて大丈夫でしょうか」

次に打つ手がわからずに、私は尋ねた。

院長は屈み込んでゴエモンを見つめてから頷き、帰っていった。

院長が拙宅を出て、五分も経っていない。

ゴエモンがうつ伏せになったままペットシートの上で目を閉じ、浅く呼吸をする。

微妙だが、いつもと違う。妻が掌でゴエモンの顎を支えた。

「ゴエモン！」と声をかけた。

ゴエモンが大きく息を吸って、吐き出した。お腹が大きくふくらんで、つぼまる。

深い呼吸は二度だった。そのあと、小さく一つ、呼吸をする。

お腹の動きが止まった。ゴエモンの呼吸が終った。

「ゴエモン！」

「ゴエモン!!」

私たち二人が、交互に叫んだ。声が届いたのか、止まっていたゴエモンのお腹がもう一度大きくふくらむと「ふうっ」と一つ、呼吸をした。それが最後だった。

ゴエモンは二度と再び、呼吸をすることはなかった。

午後三時二十五分、ゴエモンは十二歳七カ月と一日の生涯を終えたのだ。

「ゴエモン!!」

妻がゴエモンを抱きしめて頬ずりし、号泣した。私も泣いた。涙がとめどなく溢れて、止めることが出来ない。涙がポタポタとゴエモンの体を濡らした。

どれほどの時間、ゴエモンを撫でながら泣いていただろうか。

ようやく妻が、新しいペットシートの上に、ゴエモンを寝かせた。

ゴエモンの体がゆるみ、こらえていたものが溢れ出るように尿が出る。肛門からは少量だったが、血液そのものが流れ出た。

ゴエモンの体は、まだ命が宿っているかのような温もりがあった。今にもむっくりと起き上がってきそうな、そんな気さえした。

「ゴエモン、ご苦労さま。よくがんばったね」「よしよし、いい子だ。ゆっくりお休み」「ありがとう、ゴエモン」「大好きだよ、ゴエモン」私たちはゴエモンを撫でながら、口々に言葉をかけた。ゴエモンに私たちの心が伝わったのか、その顔は、穏やかな笑顔だった。

私は立ち上がり、ゴエモンの死を、電話で、O動物病院とA動物病院の両院長に伝えた。

今朝のことだった。和室へ行った妻と私にゴエモンが甘えた。顎を上げて「撫でて、撫でて」と目で伝える。妻が顎を手で支えて撫でてやると、気持良さそうに目を閉じている。

少しして手をはずそうとすると、もっと撫でていてくれと、目で懇願する。ゴエモンは普段は、甘える犬ではなかった。ベタベタしたことを極力避けようとする犬だった。それがこの日ばかりは違った。幾度も幾度も愛撫を要求したのである。撫でると心地良げに目を閉じ、少しばかり尻尾を振った。

ゴエモンはこの時点で自分の死が間近に迫っているのを悟《さと》っており、甘えることと尻尾を振ることで生前の感謝を伝えたかったものと思われた。妻がゴエモンを抱いて、バスタオルを敷いたトレイに寝かせた。少しして様子をみると、上体を起こし、いつもしていたように私たちの動きをしっかりと目で追っていた。そんな姿に妻がカメラを構えると、それに応えるかのように、じっと見つめ返した。これが生あるゴエモンの最後の写真となった。

ゴエモンは死ぬまで一度も、辛さ、苦しさを表に出すことはなかった。我慢強く自分の内に押さえ込み、私たちに心配をかけまいとして、旅立ったのだ。

ゴエモンの死を聞いて、SさんとYさんがすぐに駆けつけてくれた。二人とも愛犬を失くしているだけに心の痛みがわかり、眼頭にハンカチを当てて、生前のゴエモンを偲んでくれた。真夜中になったが、私の妹夫婦と甥《おい》が来てくれた。ゴエモンを撫で、語りかけ、別れを惜しんでくれた。

二十九日。ゴエモンの遺体はタオルケットを敷いたゴエモンお気に入りのトレイに寝かせて、和室のテーブルの横に置いた。ゴエモンの体には、真っ白いバスタオルが掛けてある。

知らせを聞いた弔問客が引きも切らず、Sさんや Yさんをはじめ、Kさん、I・Mさんもゴエモンが好きだった花を手に、遠方からお参りに来てくださった。ゴエモンの誕生日には、いつも花束を贈ってくださるT・Aさんからも「ゴエモンくん、いい思い出をありがとう」というメッセージを添えた美しい花束が届く。日頃お世話になっている出版社の方たちからも見事な花が届いた。遠方に住む妻の母や私の姉からも、ゴエモンを悼《いた》む言葉に添えて、温かい『志』が送られてきた。

ゴエモンへの花束やアレンジメントの花、鉢もので、八畳の和室が花で一杯になり、ゴエモンの死を悼《いた》んでお線香を上げてくださる方々が、真夜中まで続いた。

香典やお線香、ろうそくも届けられる。

ゴエモンに手を触れ、それぞれに心のこもった言葉をいただき、涙されると、その度に私たちも涙してしまう。多くの人々にゴエモンを愛していただけたことに、あらためて感謝の思いで一杯になった。

「ゴエモン君から幾度もパワーを貰いました」「ゴエモン君は人の心を幸せにしてくれるワンちゃんでしたねぇ」と言う人もいれば、「ゴエモンちゃんは、いつでもやさしく接してくれたものねぇ」と口にする方もいる。「私は本当にゴエモン君とご夫妻に癒《いや》され、救われたのよ」と言ったのは、ペットロスで一時は命を断とうかとまで思いつめたほど辛い思いをし、それをようやく乗り越えたK・Sさんだった。K・Sさんは私たちに幾たびも温かなお心遣いをしてくださった。その思いやりが、胸に染みた。

朝から食事どころではなかった。そんなことを察してか、さりげなくサンドイッチ等を置いていってくれたYさんやSさんに感謝した。

またYさんは、ゴエモンが亡くなった日、信心している長野の善光寺さんにゴエモンへのお経をお願いしてくださっていた。

夜八時頃、拙宅の前に建つキリスト教会の牧師さんご夫妻が来てくださり、ゴエモンのために、長いお祈りをしてくださった。人のためにお祈りをしたことは多くても、ワンちゃんのためにお祈りをしたのはゴエモン君が初めてです、と口にする。

弔問客が途絶えた深夜、私たちはお湯でしぼったタオルでゴエモンの体を拭いた。妻が湿《しっ》疹《しん》が出来ていたゴエモンのお腹に、あちらの世界でも痒《かゆ》くないようにと薬をつける。軽い白内障があった目に目薬をさす。ゴエモンは「目薬、チュンだよ」と言うと、大きく目を見開いて、おとなしく、じっとしていたものだった。この夜も、いつもと同じようにじっとしていた。

ゴエモンの位置を変えるために妻が抱き上げた時、ゴエモンの鼻腔から、血がツツーッと流れ落ちた。内臓からの血が逆流して鼻から溢れ出したのだろうか。

可哀そうに。どれほど辛かったことだろう。

「ごめんね、ゴエモン。助けてあげられなくて」

声に出した。

「みんな一生懸命に力を合わせて頑張ったんだから」

ゴエモンの声が聞こえるような気がした。


十一月三十日。朝から素晴らしい快晴だった。雲一つなく、十一月の末だとは思えない心地良い日和《ひより》である。

正午丁度にA動物病院の院長が、車でゴエモンを迎えに来てくれた。荼毘《だび》に付すために、多磨《たま》霊園へ連れて行ってくれるのである。

忙しい最中に申し訳なくてそう口にすると、

「ゴエモン君とは十二年間のおつき合いですから、半日くらいは当然のことです」

笑顔でそう言ってくれた。

ゴエモンの柩《ひつぎ》には、妻の洋服ケースを利用した。ゴエモンの体は沢山の花に包まれ、柩の中には、ゴエモンと私たちの想い出の品を入れた。拙著の「ゴエモンが行く！」や「おれ、パグのゴエモン」も持たせた。ゴエモンが寂しくないようにと、ゴエモンと一緒に写した写真や、私たちの髪も入れた。

車が拙宅を発つ時、ゴエモンと親しかった方たちが見送ってくださった。Hさんに連れられて、中型日本犬を思わせるミックスのナナ（雄の三歳）が来てくれていた。ナナは子犬の頃からゴエモンに甘え、またワンパクが過ぎると、ゴエモンから叱られていたワンちゃんだった。ゴエモンには一目も二目も置いているが他の犬には強く、頭のいい犬だった。

ゴエモンの柩をトランクに乗せる時、それをじっと見つめていたナナが、不意に喉を反らせて「ウオオオ……ン！」と泣いた。吠えるとか鳴くとか言うのではなく、哀しさを目一杯にあらわした別れの言葉のように、私には聞こえた。

多磨霊園は拙宅からおよそ一時間十分だった。手順は全てA院長が教えてくださった。霊園での火葬の前にお経をいただいた。係りの人が柩の中の赤いリンゴを見て「リンゴが好きだったんですね」と、私たちに声をかけてくれた。私たちは黙って、うなずいた。いよいよ最後の別れである。「ありがとう、ゴエモン。ありがとう、またね」手を触れて、そう語りかけた。

三十分後、私たちは係りの人に声をかけられた。遺骨は真っ白で、実に美しかった。眠っている姿そのままで崩れておらず、呼びかければ起き上がってきそうな感さえもある。それぞれの骨はどれもズシリとして重かった。

「このワンちゃんは、骨がしっかりしています。黒ずんだところが一カ所もないのは、悪いところが全くなかった、ということです」

最後に喉仏と頭部を骨壺に収めながら、係りの方が言った。

『慢性骨髄性白血病』というやっかいな血液の病気さえなければ、ゴエモンは健康体そのものであったのだ。

常日頃からカルシウムをたっぷりととっていたから、体には問題はなかった。

火葬のあと本堂へ行き、さらに二十五分前後のお経をいただいた。

「……笠原家ゴエモン殿……」と、お経の中にゴエモンの名前が出てくる。重厚なお経であるだけに、ありがたく、嬉しかった。

今日、明日、何があってもおかしくないと言われて三カ月。何とか治そう、奇跡を起こそうとさんにんで誓いあった。懸命になっている私たちの姿に応えるように、ゴエモンは辛い闘病に耐え、踏ん張って、私たちとの一緒の時間を一分一秒でも長く作ってくれたような気がする。

苦しいとも口にせず、過酷な治療に耐えたのも『生きたい』という強い気持のあらわれであったのだと思う。そのゴエモンに報いてやれなかった。他に救う道はなかったのだろうか。自問自答はつきない。

帰路のゴエモンは、私の膝の上におとなしく座っていた。

「あの世とこの世をつなぐ電話があったら、どんなにいいでしょう」ポツリと、妻が言った。

そうしたら電話で「もしもし、ゴエモン？　今、どうしてる？」と呼びかけられる。

呼びかけられたゴエモンが「これからお散歩にいくところ」と答えるかも知れない。

天国ではワンちゃんも人間も同じように話せるかも知れない。

「そんなのがあったらいいですねぇ」

微笑んで、A院長はそう答えた。


十二月四日。ゴエモンの初七日の早朝、Yさんが息せききって駆け込んでくると、インターホンを鳴らし、

「明け方、ゴエモンちゃんの夢を見たの！」と言った。Yさんは五十代半ばの女性で、ゴエモンのことを可愛がり、とても案じて下さっていた方である。

Yさんはゴエモンの遺骨が安置してある和室へ上がり、お線香を上げたあと、じっとゴエモンの遺影を見つめると、ゴエモンが広々とした美しい緑の草原を走って行くのを見た、と言った。彼女が「ゴエモンちゃん！」と声をかけたら、ゴエモンが走りながら振り返って「あ、おばちゃん！」という顔をした。そこでYさんが「ゴエモンちゃん、そんなに急がなくてもいいのよ、もっとゆっくり行きなさい」と声をかけたのだが、ゴエモンは振り返り、振り返りしながら走って行ったという。

ふと見ると、ゴエモンのすぐ先を大きな犬が走って行く。ゴエモンちゃんはその犬の後について走っていたんです。Yさんはひと息にそう言った。

「その大きな犬って、どんな犬でした？」と尋ねると、Yさんは言葉に身振りをまじえて教

えてくれたが、外観はおぼろげである。そこで妻がゴエモンと何らかの係わりのあった犬たちの中から比較的体の大きかった犬たちを選んで、写真を持ってきた。

こんな犬じゃないわ。これも違う。Yさんは一枚ずつ写真に目を通していった。最後まで目を通したところで「どれも違うわ」と言った。落胆があった。妻はもう一枚、写真があることに気がついた。立ち上がると、それを手にして戻ってきた。Yさんに見せる。それを受け取って目にした途端、Yさんの表情が変わった。

「わっ、この犬、この犬よ!!」叫ぶように言ったあと、Yさんは絶句した。額《がく》に入った写真を持つ指先が、小刻みに震えている。両手で顔を覆って突っ伏した目から涙が溢れ出している。

「この犬だったわ」少し落ち着いたところであらためて写真を見つめて、Yさんは言った。

「この犬の少し後をゴエモンちゃんが追いかけるようにして走って行ったの」

「そうですか。この犬の後をねぇ」

熱いものが込み上げて、私は言った。

最後に見せた写真の犬は『五郎』だった。私の犬ではなかったが、中学、高校時代に一番仲良しだった犬である。持ち主に恵まれず晩年はきわめて不遇だったようだが、強くて利口で、類まれな能力を持っていた私思いの犬だった。

一階のもう一つの和室には、仏壇といったほどではないが母の遺影が飾ってあり、右側の一段低い位置に、花瓶と並んで五郎の写真が立て掛けてあった。毎朝仏前にお茶と水を上げてロウソクを灯し、手を合わせるのだが、生前のゴエモンに「お参りするよ」と声をかけると、ゴエモンはトレイから出てきて、私たちと一緒にお参りをする。ゴエモンが目線を上げると、いつもそこから、五郎がゴエモンを見つめていた。

ゴエモンが亡くなってからは、私は仏前に手を合わせる度に五郎にゴエモンのことをよろしく頼むね、とお願いしていた。そしてこの度のYさんの初七日の夢であった。Yさんが五郎のことを知らなかっただけに、私にはあの世の存在が信じられるような気がした。たぶん五郎が、天国の入口までゴエモンを迎えに来てくれたのだと思う。

数日後、教会の奥さんから「ゴエモンちゃんの夢を見ました」と告げられた。

奥さんは子どもの頃に飼い犬に突然に喉を噛まれ、それ以来、犬恐怖症になっていたものだが、ゴエモンに出会ってからそのやさしさに触れ、徐々に癒《いや》されていって犬恐怖症を克服することが出来たという経緯がある。彼女は常々、ゴエモンちゃんのお蔭です、と言っており、ご主人の牧師さん共々、ゴエモンとは大の仲良しであった。

「ゴエモンちゃんがきれいな広い道のところに立ってましたの」と、奥さんは言った。

道の左右は美しい草原で、ゴエモンはじっと彼女を見つめたという。

「私は犬語はわかりませんけど、ゴエモンちゃんの声がはっきりと聞こえたんです。『僕は元気だから心配しないで。僕はいつでも、お父さん、お母さんのことを想ってるよ。そう伝

●ゴエモンの初七日。みなさまのお心に感謝。

感謝を込めて

みなさまに可愛がっていただいておりました
『ゴエモン』(パグ犬)が去る11月28日(日)
午後3時25分天国へ旅立ちました
12歳7ヵ月と1日の生涯でした
これまでみなさまからお寄せいただきました
あたたかなお心に厚く御礼申し上げます
ありがとうございました

平成16年12月

笠　原　　靖
　　　　美　尾

えてください』って。はっきりと、そう言ったんです。『僕、大丈夫だよ』って」

いつもなら夢はすぐに忘れてしまうのに、ゴエモンちゃんからの伝言は、一言一句、しっかりと耳に残っています。そう言って、奥さんは涙ぐんだ。


「いやあ、驚きましたよ」

ゴエモンが亡くなって十日ほど経ったある日のことだ。

花屋さんの前を通りかかった時、U店長夫妻から声をかけられた。

ゴエモンが亡くなった翌日から初七日にかけて花を求める客が相次ぎ、相談を受けて花束などをつくるのだが、その際どなたも「親しくしていたワンちゃんが亡くなったので」と、言ったと言う。

聞いてみると、いずれもそのワンちゃんが『ゴエモン君』だった。

「いやあ、驚きました」と言ったのは、そのことだ。

「ゴエモン君は皆さんから愛されてたんですねぇ」

しみじみと、U店長は言った。

ちなみにU店長夫妻からも、ゴエモンへすばらしい鉢植えの花が届けられている。

クリスマスが近づき、例年通りに教会のクリスマス・ツリーに明かりが灯された。取材で記者に同行された女性カメラマンのN・Rさんや手作りのお花を贈ってくださったM・Nさん他数えきれないほど沢山の方々のやさしさや温かさが、一層心に沁《し》みるこの年のクリスマスであった。

一階の和室側は道路に面しており、ガラス窓側に身を寄せると、通行人や散歩の犬を目にすることが出来る。

ゴエモンが一歳を過ぎたある日の朝、ゴエモンは窓辺に行って「ワゥ、ワゥ、ワゥ……」と吠えた。

人も犬も通っていない。誰もいないのに、なぜ吠えたんだ？　と思っていると、ゴエモンが満足気に尻尾を振りながら戻ってきた。

その顔には「一日の始まりだろ、だから喉の調子を整えるために、一声、発声の練習をしてきたんだ」と書いてあった。

アナウンサーが朝一番で必ずやっている発声練習「あ、い、う、え、お、あ、お」を大声で繰り返すのと同じであった。

私もアナウンサー時代に必ずやっていたことである。

ゴエモンは誰から教えられたわけでもなく、アナウンサーであった私と同じことをやっていたのだ。

ゴエモンは窓辺の日溜りで、外を眺めたり、お昼寝をするのが大好きだった。

道ゆく人々が窓辺のゴエモンの姿を見て微笑んだり、声をかけたりしてひとしきり楽しそうにして、通り過ぎていく。

じっとして外を眺めているゴエモンの姿を見て、置き物か何かと思ったらしく、動いたゴエモンに「あ、本物だ！」と声を出し、驚いたり喜んだりした人がどれほどいたことか。窓辺にゴエモンの姿が見えなくなってからも「ゴエモンちゃんがいるような気がして、時々覗いちゃうのよね」とか「淋しくなったわねぇ」と声をかけてくださる。

ゴエモンの寝姿は幸せそのもの、平和そのものであった。私たちも日溜りの午後、ふっとゴエモンの心地良い寝息が聞こえてきたような錯覚をすることも、いまだにある。

平成十七年（二〇〇五年）六月二十九日の明け方、妻は「お母さん！」と呼ぶゴエモンの声で目覚めた。一声だったが、ゴエモンは自分の母とも思う妻に何を伝えたかったのだろうか。

ゴエモンはまだ私の夢の中には出てこないが、三回忌を前にして不思議なことがあった。

午後三時頃のことだった。妻は所用で外出していた。私はいつものように二階の自室で、原稿の〆切りを頭に置いて小説を書いていた。部屋も屋外も、シーンとして、静かだった。

その時突然、静まりかえった階下に、ダイニング・キッチンから玄関へと足早に駆け抜け

●日溜りの窓辺にて……

ていく犬の爪音を聞いた。

　カツ、カツ、カツという床《ゆか》に触れる爪音は、これまで何千、何万回となく耳にしてきたゴエモン独特のリズムであり、足音だった。

「ゴエモンだな」と思って鉛筆を止めた時、爪音はいつものように玄関の手前で止まり、「ワゥ、ワゥ、ワゥ……」というパグ特有の柔らかく響く声、ゴエモンならではの吠え声が二階へ上がってきた。まぎれもなく元気な頃のゴエモンの声だった。

「ワゥ、ワゥ、ワゥ……」というゴエモンの声は、ひと呼吸置いて、もう一度聞こえた。空耳《そらみみ》ではなかった。寝ぼけていたわけでもない。この時、ゴエモンのことを考えていたわけでもない。突然だった。

「ゴエモン！」

　私は鉛筆を放り出し、大声で階下へ呼びか

けて、一階へ駆け降りた。いつもいた玄関の上がり口にゴエモンはいなかった。

「ゴエモン！　ゴエモン!!」

私は大声で呼びかけながら、サンダルを突っかけて玄関から外へ出た。ひょっとしたら外に出ているかも、という思いだった。しかしゴエモンの姿はどこにもなかった。

二階へ戻り階下に耳を澄ませたが、ゴエモンの爪音と声は、それっきり聞かれなかった。ゴエモンはひとときの間、私たちのことが気掛りで現世に舞い戻ったが、大過なく過ごしていることを見極めたので、安心して、天国へ戻っていったのかも知れない。


十月に入って、編集部のKさんから電話をいただいた。

「ゴエモン君が逝って三年になりますね。かねてより考えていたのですが、お気持を思うとなかなか言い出せなくて。どうでしょう、その後のゴエモン君をお書きになりませんか」というものだった。

ゴエモンを送って以来、ずっと書きたかったことであり、非常にありがたく、即、お受けした。

あらためてゴエモンとの日々を想った。

生後三十七日目のゴエモンが紙袋に入ってわが家にやってきたのは一九九二年（平成四年）六月三日である。その時はその後の私たちの想像をはるかに超えたゴエモンとの暮らしが待っていようとは考えてもみなかった。まずもって、ゴエモンが私たち二人の人生にこんなに影響を及ぼす存在になろうとは、思いもしなかった。

ゴエモンはどんな時でもいつもゴエモンであり、雄々しく、媚《こ》びることなく、自然体であった。あれやこれや望まず、欲ばらず、私たちから愛されることだけを望み、私たちを愛してくれた。ゴエモンを通していろいろな人との交流も持て、ゴエモンから数々のことを教えられ、感動を貰った。

辛い闘病の日々も味わったが、ゴエモンとの一つ一つが、よりキラキラと輝くすばらしい思い出となっている。

病魔との闘いを書くことは非常に辛く、重いことであったが、ゴエモンからは、さらに勇気とこう生きるべきだという無言の力を貰ったと言える。

送った時は喪失感《そうしつかん》と悲しみの中にあったが、歳月を経て、彼とこの広い世界で出会えたこと、家族として共に暮らせたことを幸せに思い、心から感謝している。

ゴエモンと暮らした歳月は『ゴエモンからの贈り物』だったと思う。

ゴエモンのことは生涯忘れない。いつか会えると思うと楽しみだ。ありがとう、ゴエモン。

●ありがとう、ゴエモン！

光文社文庫

ゴエモンが行《い》く！　生命《いのち》と向《む》きあって
著　者　笠《かさ》原《はら》　靖《やすし》

2008年2月20日　初版1刷発行

発行者　駒　井　　稔
印　刷　堀　内　印　刷
製　本　明　泉　堂　製　本

発行所　株式会社　光　文　社
〒112-8011　東京都文京区音羽1-16-6
電話　(03)5395-8149　編集部
8114　販売部
8125　業務部

ISBN978-4-334-74383-3　Printed in Japan

お願い　光文社文庫をお読みになって、いかがでございましたか。「読後の感想」を編集部あてに、ぜひお送りください。

このほか光文社文庫では、どんな本をお読みになりましたか。これから、どういう本をご希望ですか。

どの本も、誤植がないようつとめていますが、もしお気づきの点がございましたら、お教えください。ご職業、ご年齢などもお書きそえいただければ幸いです。当社の規定により本来の目的以外に使用せず、大切に扱わせていただきます。

光文社文庫編集部